JN260071

# 1次近似で視る

# 多変数の微分積分

茨城大学
1次近似で視る「多変数の微分積分」
　　編集委員会 編

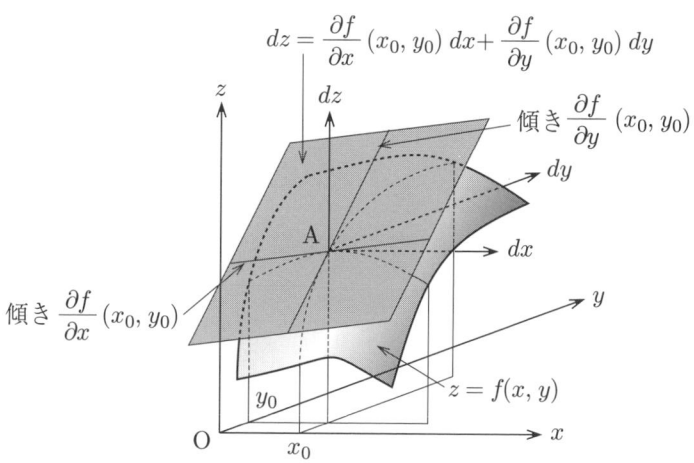

学術図書出版社

## ギリシア文字

| 大文字 | 小文字 | 読み方 | 大文字 | 小文字 | 読み方 |
|---|---|---|---|---|---|
| $A$ | $\alpha$ | アルファ | $N$ | $\nu$ | ニュー |
| $B$ | $\beta$ | ベータ | $\Xi$ | $\xi$ | クシー（グザイ） |
| $\Gamma$ | $\gamma$ | ガンマ | $O$ | $o$ | オミクロン |
| $\Delta$ | $\delta$ | デルタ | $\Pi$ | $\pi\ (\varpi)$ | パイ |
| $E$ | $\varepsilon$ | イプシロン | $P$ | $\rho\ (\varrho)$ | ロー |
| $Z$ | $\zeta$ | ゼータ（ツェータ） | $\Sigma$ | $\sigma\ (\varsigma)$ | シグマ |
| $H$ | $\eta$ | イータ | $T$ | $\tau$ | タウ |
| $\Theta$ | $\theta\ (\vartheta)$ | シータ（テータ） | $\Upsilon$ | $\upsilon$ | ウプシロン |
| $I$ | $\iota$ | イオタ | $\Phi$ | $\phi\ (\varphi)$ | ファイ |
| $K$ | $\kappa$ | カッパ | $X$ | $\chi$ | カイ |
| $\Lambda$ | $\lambda$ | ラムダ | $\Psi$ | $\psi$ | プサイ（プシー） |
| $M$ | $\mu$ | ミュー | $\Omega$ | $\omega$ | オメガ |

# まえがき

　本書は，茨城大学工学部の1年次生を対象とした微分積分の教科書として書かれたものである．本学工学部では，1年次の前期に「微積分学」が開講され，1変数の微積分を学習する．後期にはその続編として，多変数の微積分を扱う「多変数の微積分学」が開講される．どちらの科目も統一の教科書を用意したうえで，統一のシラバスにもとづき，15回の講義形式の授業を実施している．本書は後期で使用する教科書である．

　取り扱う学習項目は偏微分と重積分に関する標準的なものであり，理工系の分野で必修となる内容をカバーしている．本書の最大の特色は，意味やストーリー性を重視した構成になっていることである．「1次近似で視る」という本書のサブタイトルからわかるように「微分とは本質的に1次近似であり，積分は1次微小量の総和」という微分積分の理念的意味を伝えることを主眼としている．特に，「1次近似でわかる情報は正比例を基礎にして考える」というスタンスは終始一貫している．したがって，最初から論理的に積み上げていく伝統的な方式の書き方は採用せず，図やグラフを多用することで多変数の微積分の概念や意味を直観的かつ視覚的に把握できるよう工夫した．ほとんどの学習項目において，2変数関数の場合で説明しているのはそのためである．また，1変数の微積分の内容を適宜，復習しながら記述していることや，偏微分記号の扱いなど初学者が間違えやすい点に言及していることも本書の特色の1つである．さらに，読者の自学自習のために，多くの演習問題を適切に配置したうえで，巻末には詳細な解答を付した．一方，論理的な考察を抜きにして数学を正しく理解することは不可能である．本文にはほとんど証明を述べていないので，付録には，本文の補遺となる説明や証明を記載して，読者がより深く理解できるよう便宜を図っている．興味に応じて適宜参照されたい．

　冒頭でも触れたように，本書は理工系の学部で多変数の微積分を教える際に，半期15回の授業の教科書として使用できるように編集されている．実際の使用例について述べておこう．第1章の偏微分法は6つの節からなり，第2章の重積分法は3つの節からなっている．1つの節を1回もしくは2回のペースで講義を行えば，トータルで12回程度で終了でき，教える分量に余裕をもたせている．学習内容を厳選し単元ごとのポイントが明確になるように心掛けたので，1コマの授業の中で適宜，演習時間を確保しつつ講義を行うことが可能である．残り3回程度の講義時間をオール演習の時間に充てれば，さらに教育効果が上がるであろう．実際，本学工学部では，偏微分法の章で2回，重積分法の章で1回，演習のみを行う授業日を取り入れており，受講生の理解度を向上させるよう配慮している．また，1変数の微積分の学習を終えた工学系の学生，あるいは数学を専門としない理学系の学生の自習書としても役立つものと考えている．

本書の執筆に際して，森毅氏の著作『現代の古典解析』，『ベクトル解析』（共にちくま学芸文庫）から多くの影響を受けており，大いに参考とさせて頂きました．ここに謝意を申し上げる次第です．執筆開始の段階から実際の授業で使用するまでの過程においては，茨城大学全学教育機構，授業担当者，関係者など多くの方々からご意見やコメントを頂戴しました．この場をお借りして，心よりお礼を申し上げます．

　最後に，出版に際して多大なお世話を頂いた学術図書出版社の高橋秀治氏に感謝の意を表したいと思います．

2013 年 4 月

　　　　　　　　　　　　　　　茨城大学　1 次近似で視る「多変数の微分積分」編集委員会

# 目　次

**第 1 章　偏微分法**　　1
　1.1　偏導関数 ..................................　1
　　練習問題 ....................................　5
　1.2　全微分・接平面 ............................　6
　　練習問題 ....................................　11
　1.3　合成関数 ..................................　11
　　練習問題 ....................................　17
　1.4　極値 .....................................　19
　　練習問題 ....................................　25
　1.5　陰関数 ...................................　25
　　練習問題 ....................................　37
　1.6　条件付き極値 .............................　39
　　練習問題 ....................................　43

**第 2 章　重積分法**　　44
　2.1　二重積分・累次積分 ........................　44
　　練習問題 ....................................　47
　2.2　累次積分の順序交換 ........................　48
　　練習問題 ....................................　50
　2.3　二重積分の変数変換公式 ....................　50
　　練習問題 ....................................　57

**付録 A　補足**　　58
　A.1　偏微分の順序交換 ..........................　58
　A.2　波動方程式の導出 ..........................　61
　A.3　2 変数関数の微分可能性 ....................　62
　A.4　合成関数の微分可能性 ......................　65
　A.5　イプシロン–デルタ ($\varepsilon$-$\delta$) 論法 .................　66
　A.6　テイラーの定理 ............................　70
　A.7　陰関数定理 ...............................　72
　A.8　平面の方程式 .............................　75

|     |                                                      |    |
| --- | ---------------------------------------------------- | -- |
| A.9 | 制約条件が2つ以上ある場合のラグランジュ乗数法       | 76 |
| A.10| 二重積分の定義と累次積分の順序交換                   | 77 |

| 関連図書       | 83 |
| -------------- | -- |
| 問の解答       | 84 |
| 練習問題の解答 | 87 |
| 索引           | 99 |

# 第 1 章

# 偏微分法

## 1.1 偏導関数

■ 2 変数関数のグラフ ■

2 変数関数 $z = f(x, y)$ は $x$ と $y$ の値を 1 組 $(x, y)$ 定めれば 1 つの実数 $z$ が定まる関数のことである．一般的には $x$ と $y$ の間には何の関係もなく自由に動く．このため，$(x, y)$ は**独立変数**，それに応じて決まる変数 $z$ は**従属変数**と呼ばれる．$z = f(x, y)$ が表す図形は一般に曲面である（図 1.1 (a) 参照）．組 $(x, y)$ の動く範囲を $f$ の**定義域**といい，$z$ のとりうる範囲を $f$ の**値域**という．

> **例 1.1.** $z = f(x, y) = \sqrt{1 - x^2 - y^2}$ に対して，定義域は $\{(x, y) \,;\, x^2 + y^2 \leqq 1\}$ で，値域は $\{z \,;\, 0 \leqq z \leqq 1\}$ である．

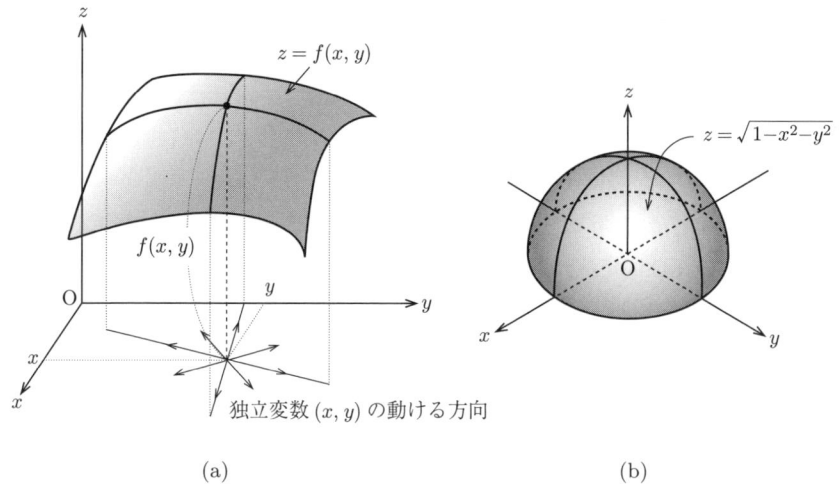

(a) (b)

図 1.1 (a) 2 変数関数のグラフ (b) $z = \sqrt{1 - x^2 - y^2}$

■ 偏微分係数，偏導関数 ■

さて，2変数関数 $z = f(x,y)$ において，$y = b$（一定）とすると，1変数関数 $f(x,b)$ ができる．すると，通常の1変数関数と同様なので，$x = a$ における微分係数は結局，

$$\lim_{h \to 0} \frac{f(a+h,b) - f(a,b)}{h}$$

によって計算される．この極限値が存在するとき，点 $(a,b)$ で **$x$-偏微分可能**であるといい，その極限値を $\frac{\partial f}{\partial x}(a,b)$ と書き，**$x$-偏微分係数**という[1]．同様に，$x = a$（一定）としてできる $y$ のみの1変数関数 $f(a,y)$ が $y = b$ で微分可能なとき，すなわち

$$\lim_{h \to 0} \frac{f(a,b+h) - f(a,b)}{h}$$

の極限値が存在するとき，点 $(a,b)$ で **$y$-偏微分可能**であるといい，その値を **$y$-偏微分係数**といい，$\frac{\partial f}{\partial y}(a,b)$ で表す．

$f(x,y)$ が定義域 $D$ のすべての点で $x$-（または $y$-）偏微分可能なとき，1変数のときと同様にして **$x$-偏導関数** $\frac{\partial f}{\partial x}(x,y)$（または **$y$-偏導関数** $\frac{\partial f}{\partial y}(x,y)$）を考えることができる．式で書けば，

$$\frac{\partial f}{\partial x}(x,y) = \lim_{\Delta x \to 0} \frac{f(x + \Delta x, y) - f(x,y)}{\Delta x},$$

$$\frac{\partial f}{\partial y}(x,y) = \lim_{\Delta y \to 0} \frac{f(x, y + \Delta y) - f(x,y)}{\Delta y}.$$

$x$-偏微分可能かつ $y$-偏微分可能であるとき，単に**偏微分可能**という．$z = f(x,y)$ の $x$-偏導関数は次の記号でも表される．

$$f_x(x,y), \quad z_x, \quad \frac{\partial z}{\partial x}, \quad \frac{\partial f}{\partial x}, \quad \frac{\partial f}{\partial x}(x,y), \quad \frac{\partial}{\partial x} f(x,y).$$

$y$-偏導関数の記号についても同様である[2]．

**注 1.1.** 偏微分を表すのに記号「$d$」の代わりに「$\partial$」を使うのは，多変数関数の1つの変数に関する変化の様子を調べるために微分するときに他の変数は定数とみなされるということをはっきりさせたいためである．したがって，

$\frac{\partial f}{\partial x}$ は，　$y$ を一定に保ったときの，

$x$ の微小変化量と関数値 $f$ の微小変化量の比の極限

---

[1] $\frac{\partial f}{\partial x}$ の読み方は「デルエフ・デルエックス」，「ラウンドエフ・ラウンドエックス」などが知られているが，混同の恐れがない場合は「ディーエフ・ディーエックス」と読むことが多い．

[2] 偏微分を表すのに $z'$ や $f'(x,y)$ のような表記はできない．なぜならば，このような記法ではどの変数で微分しているかわからないからである．

という意味が込められた記法である．同様に，

$$\frac{\partial f}{\partial y} \text{ は，} \underline{x \text{ を一定に保ったときの,}}$$
$$y \text{ の微小変化量と関数値 } f \text{ の微小変化量の比の極限}$$

という意味を表す．つまり，偏微分は独立変数の組を指定してはじめて定まる概念であるから，偏微分の計算では常に固定する変数をはっきりと認識する必要がある（問題 1.4 参照）． □

> **例題 1.1.** 以下の関数の偏導関数を求めよ．
> (1) $f(x,y) = \sqrt{1-x^2-y^2}$　　(2) $f(x,y) = \arctan \dfrac{x}{y}$

**解答**

(1) $f_x(x,y) = \dfrac{1}{2\sqrt{1-x^2-y^2}} \cdot \dfrac{\partial}{\partial x}(1-x^2-y^2) = \dfrac{-x}{\sqrt{1-x^2-y^2}}$.

$f_y(x,y) = \dfrac{1}{2\sqrt{1-x^2-y^2}} \cdot \dfrac{\partial}{\partial y}(1-x^2-y^2) = \dfrac{-y}{\sqrt{1-x^2-y^2}}$.

(2) $f_x(x,y) = \dfrac{1}{1+\left(\frac{x}{y}\right)^2} \cdot \dfrac{\partial}{\partial x}\left(\dfrac{x}{y}\right) = \dfrac{1}{1+\left(\frac{x}{y}\right)^2} \cdot \dfrac{1}{y} = \dfrac{y}{x^2+y^2}$.

$f_y(x,y) = \dfrac{1}{1+\left(\frac{x}{y}\right)^2} \cdot \dfrac{\partial}{\partial y}\left(\dfrac{x}{y}\right) = \dfrac{1}{1+\left(\frac{x}{y}\right)^2} \cdot \dfrac{-x}{y^2} = \dfrac{-x}{x^2+y^2}$. □

■ 偏導関数の幾何学的な意味 ■

偏導関数 $\dfrac{\partial f}{\partial x}(x,y)$ の幾何学的意味は，曲面 $z=f(x,y)$ を $y$ が一定の平面で切ったときの切り口（曲線）の接線の傾きを表す（図 1.2 参照）．同様に偏導関数 $\dfrac{\partial f}{\partial y}(x,y)$ の方は曲面 $z=f(x,y)$ を $x$ が一定の平面で切ったときの切り口（曲線）の接線の傾きを表す（図 1.2 参照）．

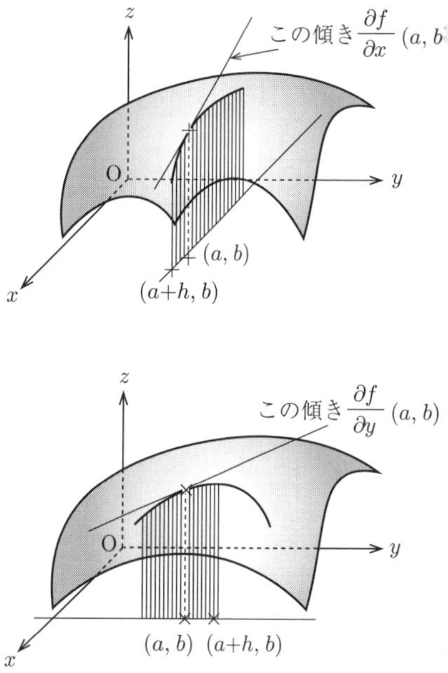

図 1.2　偏導関数の幾何学的な意味

■ 第 2 次偏導関数 ■

$z=f(x,y)$ を $x$ で偏微分してから $y$ で偏微分したものを

$$\frac{\partial}{\partial y}\left(\frac{\partial f}{\partial x}\right) = \frac{\partial^2 f}{\partial y \partial x} = f_{xy}$$

と表す．$y$ で偏微分してから $x$ で偏微分したものは

$$\frac{\partial}{\partial x}\left(\frac{\partial f}{\partial y}\right) = \frac{\partial^2 f}{\partial x \partial y} = f_{yx}$$

と表す．$z=f(x,y)$ を $x$ で 2 回偏微分したものは

$$\frac{\partial}{\partial x}\left(\frac{\partial f}{\partial x}\right) = \frac{\partial^2 f}{\partial x^2} = f_{xx} \quad \left(\frac{\partial^2 f}{\partial^2 x^2} \text{ではない！}\right)$$

と表す．$z = f(x,y)$ を $y$ で 2 回偏微分したものは
$$\frac{\partial}{\partial y}\left(\frac{\partial f}{\partial y}\right) = \frac{\partial^2 f}{\partial y^2} = f_{yy} \quad \left(\frac{\partial^2 f}{\partial^2 y^2}ではない！\right)$$
である．以上のように 2 回続けて偏微分した導関数のことを**第 2 次偏導関数**という．**第 $n$ 次偏導関数**も同様に定義される．

偏微分の順序交換に関連する重要な結果を与えておく．

---
**偏微分の順序交換**

関数 $z = f(x,y)$ が $C^2$ 級ならば[3]，次が成立する．
$$f_{xy}(x,y) = f_{yx}(x,y)$$

---

一般に，2 変数関数 $z = f(x,y)$ が $\boldsymbol{C^n}$ **級**（ただし，$n$ は自然数）であるとは，$f(x,y)$ のすべての第 $n$ 次偏導関数が存在してかつ連続であることをいう[4]．2 変数関数の連続の定義は次のようになる．$f(x,y)$ が点 $(x,y) = (a,b)$ で**連続**であるとは，$\displaystyle\lim_{(x,y)\to(a,b)} f(x,y) = f(a,b)$ が成り立つことである．ここで，$(x,y) \to (a,b)$ は，相互の距離
$$\sqrt{(x-a)^2 + (y-b)^2}$$
が 0 に近づくことを意味する．したがって，$\displaystyle\lim_{(x,y)\to(a,b)} f(x,y) = f(a,b)$ は，$\sqrt{(x-a)^2 + (y-b)^2} \to 0$ のとき，$|f(x,y) - f(a,b)| \to 0$ となることを意味する．

具体的な関数の場合，たいていは第 2 次偏導関数が連続になっているので，上記の結果は**偏微分する順序は気にしなくてよい**ことを意味する．この定理の説明については，p.58，付録 A.1 を参照せよ．

### ■ 最後に ■

偏微分法が重要な理由は，物理学におけるたいていの自然法則，たとえば，Newton（ニュートン）の運動方程式，Maxwell（マクスウェル）の方程式，量子力学の Schrödinger（シュレディンガー）方程式などは偏微分を含む方程式，すなわち偏微分方程式によって表すことができるからである．これらの法則は，物理現象を空間変数による微分と時間変数による微分の間の関係という形で記述される．これらの方程式に偏微分が現れるのは導関数が自然な概念（速度，加速度，力，摩擦，磁束，電流など）を表すからである．1 例として，p.61，付録 A.2 に「波動方程式の導出」を挙げておいたので，興味のある人は参照してほしい．

---
[3] $C^2$ 級は「シーツーキュウ」と読む．
[4] $C^n$ 級の $C$ は continuous の頭文字である．

───────────── **練習問題** ─────────────

**問題 1.1.** 関数 $z = f(x,y) = x^3 y^2 + xy^3 + x$ に対して，次を求めよ．
(1) $\dfrac{\partial f}{\partial x}$  (2) $\dfrac{\partial f}{\partial y}$  (3) $\dfrac{\partial^2 f}{\partial y \partial x}$  (4) $\dfrac{\partial^2 f}{\partial x \partial y}$  (5) $\dfrac{\partial^2 f}{\partial x^2}$  (6) $\dfrac{\partial f}{\partial x}(1,2)$
(7) $\dfrac{\partial f}{\partial y}(x_0, y_0)$

**問題 1.2.** 次の関数に対して $\dfrac{\partial f}{\partial x}, \dfrac{\partial f}{\partial y}$ を求めよ．
(1) $z = f(x,y) = \sqrt{x^2 + y^2}$   (2) $z = f(x,y) = y^2 \sin^2 \dfrac{y}{x}$

**問題 1.3.** 長さ $\pi$ の弦の両端を固定したとき，弦の鉛直方向の変位 $u$ は，弦が静止した状態で弦に沿って $x$ 軸をとれば，場所 $x$ と時刻 $t$ の 2 変数関数 $u = u(x,t)$ として表すことができる．
$$u = u(x,t) = \cos ct \sin x \quad (c \text{ は正の定数})$$
のとき，以下の各問に答えよ．
(1) $u(x,t)$ は弦のどのような振動を表すか．
(2) $\dfrac{\partial u}{\partial t}$ および $\dfrac{\partial u}{\partial x}$ は何を意味するか．
(3) $\dfrac{\partial^2 u}{\partial t^2} = c^2 \dfrac{\partial^2 u}{\partial x^2}$ （**波動方程式**と呼ばれる）が成り立つことを示せ．

**問題 1.4.** 関数 $z = 2x + y$, $y = u - x$ に対して，次のものを求めよ．ただし，偏微分係数 $\left(\dfrac{\partial z}{\partial x}\right)_y$ の添え字の $y$ は固定する変数を表す．
(1) $\left(\dfrac{\partial z}{\partial x}\right)_y$   (2) $\left(\dfrac{\partial z}{\partial x}\right)_u$   (3) $\left(\dfrac{\partial x}{\partial z}\right)_y$

さらに，$\left(\dfrac{\partial z}{\partial x}\right)_y = \left(\dfrac{\partial z}{\partial x}\right)_u$, $\left(\dfrac{\partial x}{\partial z}\right)_y = \dfrac{1}{\left(\dfrac{\partial z}{\partial x}\right)_y}$, $\left(\dfrac{\partial x}{\partial z}\right)_y = \dfrac{1}{\left(\dfrac{\partial z}{\partial x}\right)_u}$ がそれぞれ成り立つかどうかを調べよ．

## 1.2 全微分・接平面

### ■ 1変数関数の微分可能性 ■

この節では，独立変数 $x$ と $y$ の2変数関数 $z = f(x,y)$ の微分可能性を考えていきたい．その前にまず1変数関数の微分可能性から復習する．

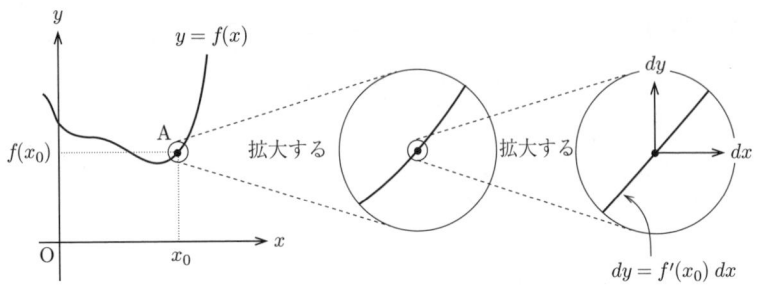

図 1.3 点 A 付近では曲線は直線にみえる

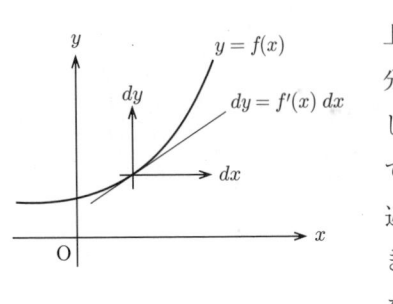

図 1.4 $y = f(x)$ の微分 $dy = f'(x)\,dx$

$x$ の関数 $y = f(x)$ が $x = x_0$ で微分可能であるとは，グラフ（曲線）上の点 $A(x_0, f(x_0))$ で接線が引けることであった．これは，点 A の十分近くでは曲線が直線のように見える，といってもいいだろう．もう少し数学らしくいうと，点 A の十分近くでは曲線が直線（$x$ の1次式！）で近似できることを意味する．これを **1次近似** ともいい，点 A で1次近似が可能なとき，点 A で微分可能というのである（図 1.3）．このとき興味の対象は「直線の方程式（接線）は何か」である．そこで，点 A を原点とする局所的な世界の直交座標（局所座標という）を表す変数を $dx, dy$ とすると（図 1.4），その直線の傾きが $f'(x_0)$ なので，局所座標における直線の方程式は $dy = f'(x_0)\,dx$ という正比例関数で表される．これを通常の直交座標世界での変数 $x, y$ でいい表すと $dx = x - x_0$，$dy = y - y_0$ なので

$$y - y_0 = f'(x_0)(x - x_0)$$

となって，おなじみの接線の方程式が導かれる．

もし，定義域の任意の点 $x$ で微分可能なとき，関数 $f(x)$ は（単に）微分可能であるという．曲線上の各点 $(x, f(x))$ で曲線を近似する直線の方程式を局所座標の世界で表すと

$$dy = f'(x)\,dx$$

となる．この式を $y = f(x)$ の **微分** という．

一言でまとめていえば，微分とは滑らかな関数をミクロの世界で正比例に還元する手法であるということができる．

> 曲ったものをまっすぐなもので近似できるときを微分可能といい，まっすぐなものを微分という．

### ■ 2 変数関数の微分可能性 ■

微分可能性を考えるときに正比例関数が基礎になるのは 2 変数の場合でも同じである．2 変数の正比例関数は

$$Z = aX + bY$$

である．これは，平面 $Y=0$ 上にある直線 $Z=aX$ と平面 $X=0$ 上にある直線 $Z=bY$ を加法的に合成したもので，この 2 本の直線の間に格子を張った平面がそのグラフになる（図 1.5）．

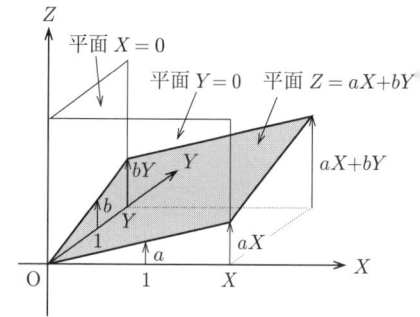

図 1.5 原点を通る平面の式 $Z = aX + bY$

これを踏まえて，$x$ と $y$ の 2 変数関数 $z=f(x,y)$ が微分可能（**全微分可能**ともいう）であるとはどうあるべきかを考えてみる[5]．1 変数関数の微分可能性の特徴付けの精神を思い出してみると，曲線上のミクロの世界では周辺が直線に見えるとき，その点で微分可能ということだった．それでは曲面の上のミクロの世界では周辺がどのように見えるとき微分可能といったらいいだろうか．地球の表面（曲面）に立ってみればわかるように，周辺が平面に見えるときその点で微分可能である，と呼んでよさそうだ．定義域内の点 $(x_0, y_0)$ で $z=f(x,y)$ が全微分可能であるとは，曲面上の点 A $(x_0, y_0, z_0)$（$z_0 = f(x_0, y_0)$）を通り曲面に接する平面（**接平面**という）が存在するとき，と理解すればよい．したがって，その点の近くでは曲面を平面（$x$ と $y$ の 1 次式！）で近似できるときを，全微分可能であるというのである[6]．このとき興味の対象となる

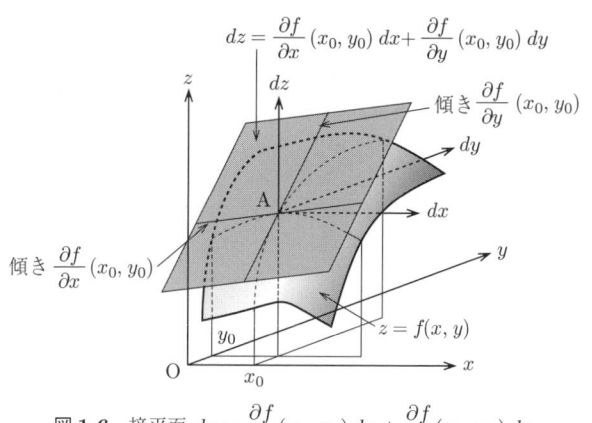

図 1.6 接平面 $dz = \dfrac{\partial f}{\partial x}(x_0, y_0)\, dx + \dfrac{\partial f}{\partial y}(x_0, y_0)\, dy$

---

[5] ちなみに，偏微分は 1 変数関数としての微分可能であって 2 変数関数としての微分可能性を論じたわけではない．

[6] 2 変数関数の微分可能性の正確な定義については，p.62, 付録 A.3 を参照せよ．

のは「接平面の方程式は何か」である．そこで，点 $A(x_0, y_0, z_0)$ を原点とする局所座標の変数を $dx, dy, dz$ とすると，図 1.6 からわかるように，点 A の局所座標における接平面の方程式は

$$dz = \frac{\partial f}{\partial x}(x_0, y_0)\, dx + \frac{\partial f}{\partial y}(x_0, y_0)\, dy$$

である．これを点 A における全微分ともいう．

これを通常の直交座標の世界の変数 $x, y, z$ で表すと $dx = x - x_0$, $dy = y - y_0, dz = z - z_0$ より

$$z - z_0 = \frac{\partial f}{\partial x}(x_0, y_0)(x - x_0) + \frac{\partial f}{\partial y}(x_0, y_0)(y - y_0)$$

となって求めていた接平面の方程式が得られる．もし，定義域内の任意の点 $(x, y)$ で全微分可能なとき，関数 $f(x, y)$ は（単に）全微分可能であるといい，曲面上の各点 $(x, y, f(x, y))$ における接平面の方程式を局所座標で表すと

$$dz = \frac{\partial f}{\partial x}(x, y)\, dx + \frac{\partial f}{\partial y}(x, y)\, dy$$

となる．この式を $z = f(x, y)$ の**全微分**といい，関数 $f(x, y)$ の独立変数 $x, y$ がそれぞれ $dx, dy$ だけ微小変化したときに，$z$ が近似的に $dz$ だけ増えることを表す（問題 1.5 参照）[7]．1 変数関数のときと同じように，

曲ったものを平らなもので近似できるときを全微分可能といい，平らなものを全微分という．

**例題 1.2.** $z = f(x, y) = \sqrt{1 - x^2 - y^2}$ について，以下の各問に答えよ．
(1) $z = f(x, y)$ の全微分を求めよ．
(2) 曲面上の点 $(a, b, \sqrt{1 - a^2 - b^2})$ における全微分と接平面の方程式をそれぞれ求めよ．

**解答** (1) 例題 1.1 (1) より，$f_x(x, y) = \dfrac{-x}{\sqrt{1 - x^2 - y^2}}$, $f_y(x, y) = \dfrac{-y}{\sqrt{1 - x^2 - y^2}}$．よって，$z = f(x, y)$ の全微分は

$$dz = -\frac{x}{\sqrt{1 - x^2 - y^2}}\, dx - \frac{y}{\sqrt{1 - x^2 - y^2}}\, dy.$$

---

[7] このように，全微分とは「total の微小変化量」を表す 1 次式であって，偏微分係数を足したものではない！

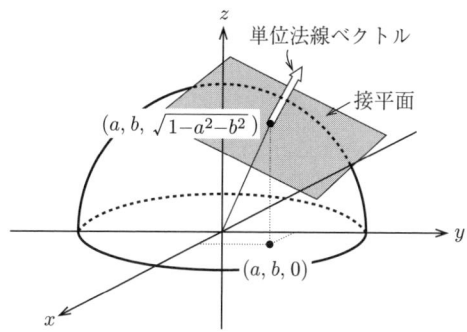

図 1.7 曲面 $z = \sqrt{1-x^2-y^2}$ と接平面 $ax + by + \sqrt{1-a^2-b^2}\, z = 1$

(2) 点 $(a, b, \sqrt{1-a^2-b^2})$ における全微分は
$$dz = f_x(a,b)\, dx + f_y(a,b)\, dy$$
$$= \frac{-a}{\sqrt{1-a^2-b^2}}\, dx + \frac{-b}{\sqrt{1-a^2-b^2}}\, dy.$$

接平面の方程式は $dz = z - \sqrt{1-a^2-b^2}$, $dx = x - a$, $dy = y - b$ を代入して
$$z - \sqrt{1-a^2-b^2} = \frac{-a}{\sqrt{1-a^2-b^2}}(x-a) + \frac{-b}{\sqrt{1-a^2-b^2}}(y-b).$$

整理すると，$ax + by + \sqrt{1-a^2-b^2}\, z = 1$ となる．これは，点 $(a, b, \sqrt{1-a^2-b^2})$ を通り，$\begin{bmatrix} a \\ b \\ \sqrt{1-a^2-b^2} \end{bmatrix}$ を単位法線ベクトル（大きさが 1 の法線ベクトル）とする平面を表す（図 1.7 および p.75, 付録 A.8 を参照せよ）． □

> **例題 1.3.** (1) $z = f(x, y) = x^2 + y^2$ 上の点 $(1, 1, 2)$ における全微分と接平面の方程式をそれぞれ求めよ．
> (2) 円 $x^2 + y^2 = 2$ 上の点 $(1, 1)$ における接線の方程式を求めよ．

**解 答** (1) $f_x(x, y) = 2x$, $f_y(x, y) = 2y$ より，点 $(1, 1, 2)$ における全微分は
$$dz = f_x(1,1)\, dx + f_y(1,1)\, dy = 2\, dx + 2\, dy.$$

接平面の方程式は $dz = z - 2$, $dx = x - 1$, $dy = y - 1$ を代入して
$$z - 2 = 2(x - 1) + 2(y - 1).$$

整理すると，$z = 2x + 2y - 2$ となる．

(2) 円 $x^2+y^2=2$ 上の点 $(1,1)$ における接線は，曲面 $z=x^2+y^2$ 上の点 $(1,1,2)$ における接平面と高さ 2 の平面 $z=2$ との切り口として求めることができる (図 1.8 参照). このことを点 $(1,1,2)$ を原点とする局所座標 $(dx, dy, dz)$ で考えると，(1) で求めた接平面 $dz=2\,dx+2\,dy$ と平面 $dz=0$ を連立して得られる方程式 $2\,dx+2\,dy=0$ が接線の方程式である[8]．これを $(x,y)$ 座標に直すには $dx=x-1, dy=y-1$ を代入して，$2(x-1)+2(y-1)=0$. 整理すると，$x+y=2$ となる． □

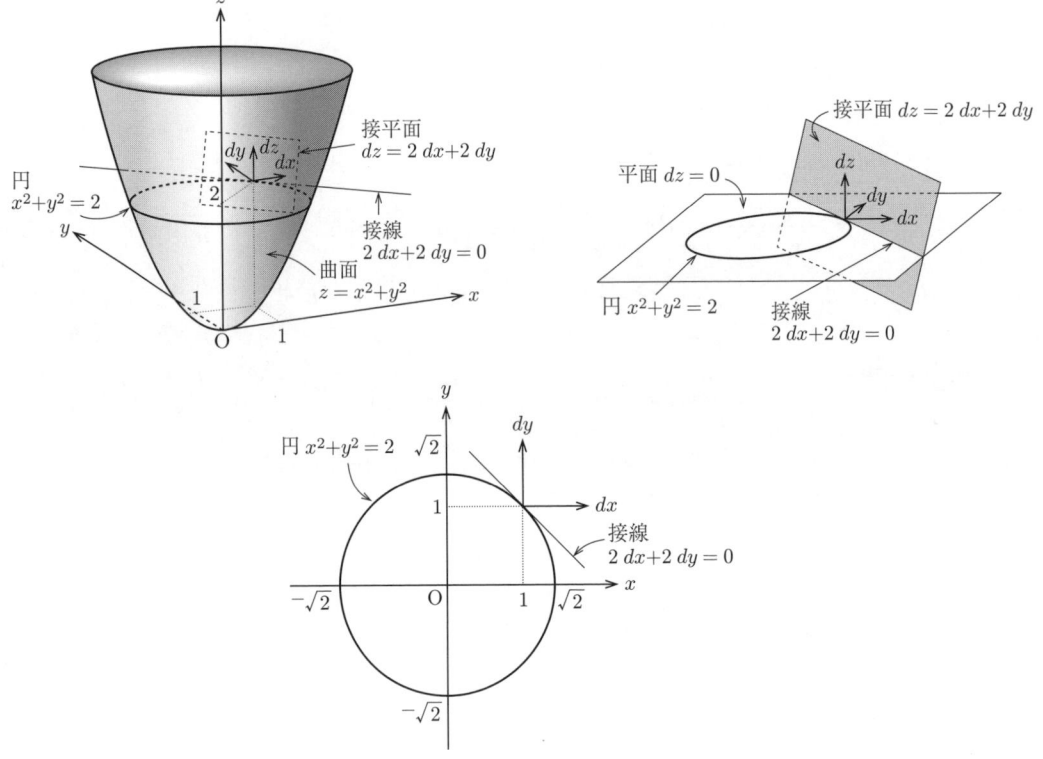

図 1.8 曲面 $z=x^2+y^2$，接平面 $dz=2\,dx+2\,dy$ および接線 $2\,dx+2\,dy=0$

**問 1.1.** 以下の 2 変数関数の表す曲面上の点 P における全微分と接平面の方程式をそれぞれ求めよ．

(1) $z=f(x,y)=\dfrac{x^2}{2}+(y-2)^2$, P$=\left(1, 3, \dfrac{3}{2}\right)$

(2) $z=f(x,y)=\dfrac{x}{x^2+y^2}$, P$=\left(1, 1, \dfrac{1}{2}\right)$

(3) $z=f(x,y)=\arcsin\dfrac{x}{y}$, P$=\left(1, 2, \dfrac{\pi}{6}\right)$

---

[8] 一般に，曲面 $z=f(x,y)$ の接平面 $dz=f_x(x,y)\,dx+f_y(x,y)\,dy$ を平面 $dz=0$ ($xyz$ 座標では $z=c$) で切ると，切り口の方程式は $f_x(x,y)\,dx+f_y(x,y)\,dy=0$ となるが，これは曲線 $f(x,y)=c$ の接線を表す．この事実は，p.25, 1.5 節で陰関数を学ぶときにも出てくるので，頭に入れておこう．

―――――――― 練習問題 ――――――――

**問題 1.5.** 2 変数関数 $z = f(x,y) = x^2 y + x$ に対して，以下の各問に答えよ．
(1) 点 $(x,y)$ から点 $(x+\Delta x, y+\Delta y)$ へ少しだけ動いたときの $z$ の増加量 $\Delta z = f(x+\Delta x, y+\Delta y) - f(x,y)$ を計算し，
$$\Delta z = (\cdots)\Delta x + (\cdots)\Delta y + (\Delta x と \Delta y の 2 次以上の項)$$
の形に整理せよ．また，この式から全微分 $dz$ を導きだせ．
 ($\Delta x, \Delta y$ の 2 次以上の項を無視する．一般的な話については p.62, 付録 A.3 を参照せよ．)

(2) $x$ が 1 から 1.01 まで変化し，$y$ が 2 から 2.02 まで変化したとき，$z$ は近似的にどの程度，増えるか？

**問題 1.6.** 任意の $x, y$ に対して $z = f(x,y) = c$ (定数) のとき，全微分が $dz = 0$ となることを納得するまで考えよ．

**問題 1.7.** 縦 $x > 0$, 横 $y > 0$ の長方形の面積を $z = xy$ とする．このとき，全微分 $dz$ を求め，図形的意味を考えよ．

**問題 1.8.** 高さ $h$, 底面の半径 $r$ のゴムの円柱の体積 $V$ に対して，以下の各問に答えよ．
(1) $V$ を $h$ と $r$ で表せ．さらに $V$ の全微分を求めよ．
(2) $V = $ 一定のとき，ゴムの円柱の高さを $\frac{1}{1000}h$ ほど縮めると，半径はおよそどのくらい大きくなるか？ ただし，円柱というゴム全体の形状は変わらないとする．

**問題 1.9.** 曲面 $z = x^2 - y^2$ 上の点 $(0,0,0)$ における接平面の方程式を求めよ．さらに，両者のグラフがどのような位置関係にあるかを考察せよ．

## 1.3 合成関数

### ■ 1 変数関数における合成関数の微分公式 ■

 1 変数関数 $y = f(x)$ に，$t$ の 1 変数関数 $x = g(t)$ を代入すれば，$y$ は $t$ の関数 $y = f(g(t))$ となる．このとき，$y$ を $t$ で微分するにはどうすればよいか？ 高校で学んだように，結果は
$$\frac{dy}{dt} = f'(x)\, g'(t) = \frac{dy}{dx}\frac{dx}{dt} \tag{1.1}$$
となり，これが合成関数の微分公式である．ただし，ほとんどの人が，(1.1) 式を
$$\frac{dy}{dt} = \frac{dy}{d\!\!\!/x}\frac{d\!\!\!/x}{dt}$$
のように $dx$ は '約分して消える' と覚えていて，その意味を把握していないのではないだろうか？

 どのようにしてこの公式が得られたかというと，微小変化量の比という局所的な小さな世界の話なので微分の式を考えればよく，$y = f(x)$ と

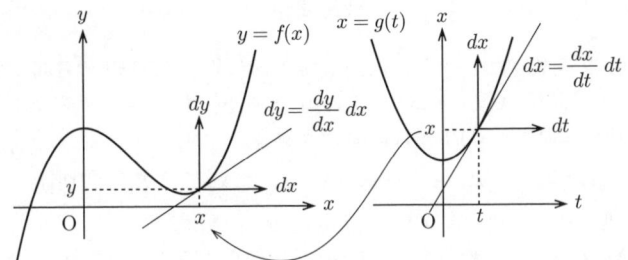

図 1.9 2つの微分 $dy = \dfrac{dy}{dx} dx$ と $dx = \dfrac{dx}{dt} dt$ の合成

$x = g(t)$ の微分はそれぞれ

$$dy = \frac{dy}{dx} dx, \quad dx = \frac{dx}{dt} dt$$

となる．後者の式を前者の式に代入すると $dy = \dfrac{dy}{dx}\dfrac{dx}{dt} dt$ を得る．両辺を $dt$ で割ると (1.1) となる．微分とはミクロの世界で正比例に還元する手法であるから，合成関数の微分公式は 2 つの正比例関数 $Y = aX$ と $X = bT$ の合成はまた正比例関数 $Y = abT$ になり，その比例定数は 2 つの比例定数 $a$ と $b$ の掛け算になるといっているにすぎないのである．なお，(1.1) 式の右辺の $\dfrac{dy}{dx}$ は $x$ の式なので，これに $x = g(t)$ を代入しなければならない．

■ **2 変数関数と 1 変数関数の合成関数の微分公式** ■

2 変数関数 $z = f(x,y)$ に 1 変数関数 $x = g(t)$ と $y = h(t)$ を合成させると $z$ は $t$ だけの関数 $z = z(g(t), h(t))$ となる．このとき，$\dfrac{dz}{dt}$ はどのようにして計算すればよいか？ これを見ていこう．

求めるものはあくまでも微小変化量の比という局所的な小さな世界の話であるから，微分や全微分が基礎をなす．$z = f(x,y)$ の全微分および $x = g(t), y = h(t)$ の微分はそれぞれ

$$dz = \frac{\partial z}{\partial x} dx + \frac{\partial z}{\partial y} dy, \quad dx = \frac{dx}{dt} dt, \quad dy = \frac{dy}{dt} dt$$

となるから，後者の 2 式を前者の式に代入すれば，

$$dz = \frac{\partial z}{\partial x}\frac{dx}{dt} dt + \frac{\partial z}{\partial y}\frac{dy}{dt} dt$$

となる[9]．両辺を $dt$ で割って，次を得る．

---

[9] $Z = aX + bY$ に $X = pT$ と $Y = qT$ を代入すれば，$Z = (ap + bq)T$ となる．

## 2 変数関数と 1 変数関数の合成関数の微分公式

$z = f(x,y)$, $x = g(t)$, $y = h(t)$ がいずれも微分可能ならば，合成関数 $z = f(g(t), h(t))$ は微分可能で
$$\frac{dz}{dt} = \frac{\partial z}{\partial x}\frac{dx}{dt} + \frac{\partial z}{\partial y}\frac{dy}{dt} \quad (\,d\, と \,\partial\, をはっきり区別せよ！)$$
となる．

上式の右辺に現れる $\dfrac{\partial z}{\partial x}$ と $\dfrac{\partial z}{\partial y}$ はともに 2 変数 $(x,y)$ で表された式であるから，偏微分した結果に $x = g(t)$, $y = h(t)$ を代入しなければならない（以下の例題 1.4 で確認せよ）．また，合成関数 $z = f(g(t), h(t))$ の微分可能性の証明については，p.65，付録 A.4 を参照せよ．

**例題 1.4.** 関数 $z = f(x,y) = x^y$ $(x > 0)$ の $x = t$, $y = t$ による合成関数の $\dfrac{dz}{dt}$ を求めよ．

**解答** $\dfrac{\partial z}{\partial x} = yx^{y-1}$, $\dfrac{\partial z}{\partial y} = (\log x)x^y$, $\dfrac{dx}{dt} = 1$, $\dfrac{dy}{dt} = 1$ であるから，
$$\begin{aligned}\frac{dz}{dt} &= \frac{\partial z}{\partial x}\frac{dx}{dt} + \frac{\partial z}{\partial y}\frac{dy}{dt} = yx^{y-1} \cdot 1 + (\log x)x^y \cdot 1 \\ &= tt^{t-1} + (\log t)t^t = t^t(1 + \log t)\end{aligned}$$
となる． □

**問 1.2.** $z = \sin(xy)$, $x = 1 + 2t$, $y = 1 - 2t$ のとき，$\dfrac{dz}{dt}$ を計算せよ．

**問 1.3.** 全微分可能な関数 $z = f(x,y)$ の $x = \cos 2t$ と $y = \sin 2t$ の合成関数の $\dfrac{dz}{dt}$ を計算せよ．

**問 1.4.** $C^2$ 級の関数 $z = f(x,y)$ の $x = x_0 + ht$, $y = y_0 + kt$ ($x_0, y_0, h, k$ は定数) による合成関数
$$z = f(x_0 + ht, y_0 + kt)$$
を考える．このとき，以下の各問に答えよ．

(1) $\dfrac{dz}{dt}$ を計算せよ．

(2) $\dfrac{d^2z}{dt^2}$ を計算せよ．

(3) 以下の式を導け．
$$\begin{aligned}f(x_0 + h, y_0 + k) &= f(x_0, y_0) + hf_x(x_0, y_0) + kf_y(x_0, y_0) \\ &\quad + \frac{1}{2}\{h^2 f_{xx}(x_0, y_0) + 2hk f_{xy}(x_0, y_0) + k^2 f_{yy}(x_0, y_0)\} + \cdots.\end{aligned}$$

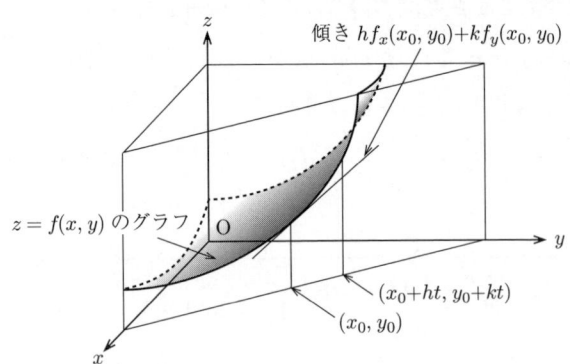

**図 1.10** 点 $(x_0, y_0)$ における $(h, k)$ 方向への方向微分係数

問 1.4 において，$h^2 + k^2 = 1$ のとき，$\dfrac{d}{dt}f(x_0+ht, y_0+kt)$ の $t=0$ での値は，

$$\lim_{t \to 0} \frac{f(x_0+ht, y_0+kt) - f(x_0, y_0)}{t} = \lim_{t \to 0} \frac{f(x_0+ht, y_0+kt) - f(x_0, y_0)}{\sqrt{h^2+k^2}\,t}$$

と表せるから，独立変数が $(x_0, y_0)$ から $(h, k)$ 方向に変化したときの $f$ の値の変化率を表している（図 1.10 参照）．これを点 $(x_0, y_0)$ における $(h, k)$ 方向への**方向微分係数**という．問 1.4 (1) の結果より，この方向微分係数は $hf_x(x_0, y_0) + kf_y(x_0, y_0)$ に等しい．方向微分係数に関する例題や練習問題は，p.25, 1.5 節の陰関数のところで取り上げる．

### ■ 2 変数関数と 2 変数関数の合成関数の微分公式 ■

2 変数関数 $z = f(x, y)$ に 2 変数関数 $x = g(u, v)$, $y = h(u, v)$ を代入すれば，$z$ は 2 変数 $(u, v)$ の関数 $z = f(g(u, v), h(u, v))$ となる．このとき，$\dfrac{\partial z}{\partial u}$ と $\dfrac{\partial z}{\partial v}$ はどうやって求められるか？　先ほどと同様に，局所的な小さな世界の話のときは全微分である．$z = f(x, y)$, $x = g(u, v)$, $y = h(u, v)$ の全微分は，それぞれ

$$dz = \frac{\partial z}{\partial x} dx + \frac{\partial z}{\partial y} dy \tag{1.2}$$

$$dx = \frac{\partial x}{\partial u} du + \frac{\partial x}{\partial v} dv \tag{1.3}$$

$$dy = \frac{\partial y}{\partial u} du + \frac{\partial y}{\partial v} dv \tag{1.4}$$

となる．

$\dfrac{\partial z}{\partial u}$ を求めよう．$\dfrac{\partial z}{\partial u}$ は $v$ を一定に保ったときの $z$ の微小変化量と $u$ の微小変化量の比の極限である．まず，$dv = 0$ を (1.3) と (1.4) に代入すると，それぞれ

$$dx = \frac{\partial x}{\partial u} du, \quad dy = \frac{\partial y}{\partial u} du$$

となる．これらを (1.2) に代入すると，
$$dz = \frac{\partial z}{\partial x}\frac{\partial x}{\partial u}\,du + \frac{\partial z}{\partial y}\frac{\partial y}{\partial u}\,du = \left(\frac{\partial z}{\partial x}\frac{\partial x}{\partial u} + \frac{\partial z}{\partial y}\frac{\partial y}{\partial u}\right)du,$$
$$\therefore\ \frac{dz}{du} = \frac{\partial z}{\partial x}\frac{\partial x}{\partial u} + \frac{\partial z}{\partial y}\frac{\partial y}{\partial u}.$$

$v$ が一定という条件のもとでは $\dfrac{dz}{du} = \dfrac{\partial z}{\partial u}$ であるから，
$$\frac{\partial z}{\partial u} = \frac{\partial z}{\partial x}\frac{\partial x}{\partial u} + \frac{\partial z}{\partial y}\frac{\partial y}{\partial u}$$
となる[10]．同様に考えれば，$\dfrac{\partial z}{\partial v}$ も求めることができる．以上をまとめると次のようになる．

---
**2 変数関数と 2 変数関数の合成関数の微分公式**

$z = f(x, y)$ が微分可能で，$x = g(u, v), y = h(u, v)$ が $u$ および $v$ に関して偏微分可能ならば，合成関数 $z = f(g(u,v), h(u,v))$ は $u$ および $v$ に関して偏微分可能で
$$\frac{\partial z}{\partial u} = \frac{\partial z}{\partial x}\frac{\partial x}{\partial u} + \frac{\partial z}{\partial y}\frac{\partial y}{\partial u},\quad \frac{\partial z}{\partial v} = \frac{\partial z}{\partial x}\frac{\partial x}{\partial v} + \frac{\partial z}{\partial y}\frac{\partial y}{\partial v} \qquad (*)$$
となる．

---

上式の右辺に現れる $\dfrac{\partial z}{\partial x}, \dfrac{\partial z}{\partial y}$ は 2 変数 $(x, y)$ の式であるから，これらには $x = g(u, v), y = h(u, v)$ を代入しなければならない．

**注 1.2.** 微分公式 $(*)$ の第 1 式の右辺で
$$\frac{\partial z}{\partial \cancel{x}}\frac{\partial \cancel{x}}{\partial u} + \frac{\partial z}{\partial \cancel{y}}\frac{\partial \cancel{y}}{\partial u} = \frac{\partial z}{\partial u} + \frac{\partial z}{\partial u}$$
のような約分は一般にはできない（微分公式 $(*)$ の第 2 式についても同様である）．$\dfrac{\partial z}{\partial x}$ は $y = $ 一定での偏微分，$\dfrac{\partial x}{\partial u}$ は $v = $ 一定での偏微分であり，$y = h(u, v)$ であるから，この 2 つの偏微分を考える状況が異なる．したがって，
$$\frac{\partial z}{\partial \cancel{x}}\frac{\partial \cancel{x}}{\partial u} = \frac{\partial z}{\partial u}$$
のような計算は一般にはできない．ただし，$y$ が $v$ だけの関数 $y = h(v)$ ならば，$v$ を一定にすれば $y$ も一定になるから，偏微分を考える状況が同じになって，
$$\frac{\partial z}{\partial x}\frac{\partial x}{\partial u} = \frac{\partial z}{\partial u} \qquad (**)$$
が成立する．この場合，微分公式 $(*)$ の第 1 式の右辺の $\dfrac{\partial y}{\partial u}$ は 0 であるから（$y$ は $v$ だけの関数である），$(**)$ と $(*)$ の第 1 式は矛盾しない

---
[10] $Z = aX + bY, X = pU + qV, Y = mU + nV$ に対して $V = 0$ のときを考えると，$X = pU, Y = mU$ であるから $Z = (ap + bm)U$ となる．

ことがわかる．$v$ を固定して $u$ がほんの少しだけ変化すれば，$x$ と $y$ それぞれが微小変化する．その 2 つの微小変化に応じて $z$ が微小変化する．したがって，$z$ の微小変化量と $u$ の微小変化量の比は $x$ からの寄与と $y$ からの寄与の 2 つの和になるはず．こういう感覚があれば，$\dfrac{\partial z}{\partial u}$ を計算するとき，
$$\frac{\partial z}{\partial u} = \frac{\partial z}{\partial x}\frac{\partial x}{\partial u} + \frac{\partial z}{\partial y}\frac{\partial y}{\partial u}$$
のような 2 項の和になるのは当然のことであって，
$$\frac{\partial z}{\partial u} = \frac{\partial z}{\partial x}\frac{\partial x}{\partial u} \quad \text{とか} \quad \frac{\partial z}{\partial u} = \frac{\partial z}{\partial y}\frac{\partial y}{\partial u}$$
が一般には誤りであることがすぐにわかる．どちらか一方の寄与しかない場合には上式のどちらかが成り立つわけである． □

以上の説明からわかるように，合成関数の微分公式は何変数の関数の合成であっても全微分の式から導き出すことができるが，多変数の微分計算をスムーズに行うためにも，ここで導いた**合成関数の微分公式は，いちいち全微分まで戻らずにすぐに使えるようにしておくこと！**

**例題 1.5.** $z = f(x, y) = \cos x \sin y$, $x = 2uv$, $y = u^2 v$ のとき，$\dfrac{\partial z}{\partial u}, \dfrac{\partial z}{\partial v}$ を計算せよ．

解答
$$\frac{\partial z}{\partial u} = \frac{\partial z}{\partial x}\frac{\partial x}{\partial u} + \frac{\partial z}{\partial y}\frac{\partial y}{\partial u} = -\sin x \sin y \times 2v + \cos x \cos y \times 2uv$$
$$= -2v \sin(2uv)\sin(u^2 v) + 2uv \cos(2uv)\cos(u^2 v)$$
$$\frac{\partial z}{\partial v} = \frac{\partial z}{\partial x}\frac{\partial x}{\partial v} + \frac{\partial z}{\partial y}\frac{\partial y}{\partial v} = -\sin x \sin y \times 2u + \cos x \cos y \times u^2$$
$$= -2u \sin(2uv)\sin(u^2 v) + u^2 \cos(2uv)\cos(u^2 v) \qquad \square$$

**問 1.5.** $z = \dfrac{x}{y}$, $x = st$, $y = s + t$ のとき，$\dfrac{\partial z}{\partial s}, \dfrac{\partial z}{\partial t}$ を計算せよ．

**例題 1.6.** $z = f(x, y)$ において $x = e^u \cos v$, $y = e^u \sin v$ のとき，$\dfrac{\partial z}{\partial u}, \dfrac{\partial z}{\partial v}$ を計算せよ．

解答 $\dfrac{\partial x}{\partial u} = e^u \cos v$, $\dfrac{\partial y}{\partial u} = e^u \sin v$ であるから，合成関数の微分公

式より
$$\frac{\partial}{\partial u}z(e^u\cos v, e^u\sin v) = \frac{\partial z}{\partial u} = \frac{\partial z}{\partial x}\frac{\partial x}{\partial u} + \frac{\partial z}{\partial y}\frac{\partial y}{\partial u}$$
$$= \frac{\partial z}{\partial x}(x,y)\Big|_{(x,y)=(e^u\cos v, e^u\sin v)} \times e^u\cos v$$
$$+ \frac{\partial z}{\partial y}(x,y)\Big|_{(x,y)=(e^u\cos v, e^u\sin v)} \times e^u\sin v$$
$$= e^u\cos v\frac{\partial z}{\partial x}(e^u\cos v, e^u\sin v) + e^u\sin v\frac{\partial z}{\partial y}(e^u\cos v, e^u\sin v).$$

$\frac{\partial x}{\partial v} = -e^u\sin v$, $\frac{\partial y}{\partial v} = e^u\cos v$ であるから, 合成関数の微分公式より
$$\frac{\partial}{\partial v}z(e^u\cos v, e^u\sin v) = \frac{\partial z}{\partial v} = \frac{\partial z}{\partial x}\frac{\partial x}{\partial v} + \frac{\partial z}{\partial y}\frac{\partial y}{\partial v}$$
$$= \frac{\partial z}{\partial x}(x,y)\Big|_{(x,y)=(e^u\cos v, e^u\sin v)} \times (-e^u\sin v)$$
$$+ \frac{\partial z}{\partial y}(x,y)\Big|_{(x,y)=(e^u\cos v, e^u\sin v)} \times e^u\cos v$$
$$= -e^u\sin v\frac{\partial z}{\partial x}(e^u\cos v, e^u\sin v) + e^u\cos v\frac{\partial z}{\partial y}(e^u\cos v, e^u\sin v)$$

となる.　　□

―――――――――――― 練習問題 ――――――――――――

**問題 1.10.** $z = f(x,y)$ において, $x = u-v, y = uv$ のとき, $\frac{\partial z}{\partial u}, \frac{\partial z}{\partial v}, \frac{\partial^2 z}{\partial u^2}$, $\frac{\partial^2 z}{\partial u \partial v}, \frac{\partial^2 z}{\partial v^2}$ を計算せよ.

**問題 1.11.** $z = f(x,y)$ において, $x = r\cos\theta, y = r\sin\theta$ のとき, 次の等式が成り立つことを示せ.
$$\left(\frac{\partial z}{\partial x}\right)^2 + \left(\frac{\partial z}{\partial y}\right)^2 = \left(\frac{\partial z}{\partial r}\right)^2 + \frac{1}{r^2}\left(\frac{\partial z}{\partial \theta}\right)^2$$

**問題 1.12.** $z$ は $r$ だけの関数 $z = f(r)$ で, この式の右辺に $r = \sqrt{x^2+y^2}$ を代入すると, $z$ は $(x,y)$ の関数 $z = f(\sqrt{x^2+y^2})$ となる. このとき, $\frac{\partial z}{\partial x}$ と $\frac{\partial z}{\partial y}$ を計算せよ.

**問題 1.13.** 3変数 $(x,y,t)$ の関数 $w = f(x,y,t)$ に $x = x(t), y = y(t)$ を代入すると, $w$ は $t$ だけの関数 $w = f(x(t), y(t), t)$ となる. このとき, $\frac{dw}{dt}$ を計算せよ.

**問題 1.14.** 空間1次元の波動方程式 $\frac{\partial^2 u}{\partial t^2}(x,t) = c^2\frac{\partial^2 u}{\partial x^2}(x,t)$　(ただし, $c$ は定数) は, 変数変換 $\xi = x - ct, \eta = x + ct$ により $\frac{\partial^2 u}{\partial \eta \partial \xi} = u_{\xi\eta} = 0$ に帰着できることを示し, これを積分して波動方程式の一般解を求めよ.

（ヒント：$u = u(\xi, \eta)$ に $\xi = x - ct, \eta = x + ct$ を代入した関数 $u = u(x - ct, x + ct)$ に対して，$u_{tt}$ と $u_{xx}$ を計算する．）

**問題 1.15.** $z = z(x, y)$ において，$x = r\cos\theta, y = r\sin\theta$ のとき，次の各問に答えよ．

(1) $\dfrac{\partial z}{\partial r}, \dfrac{\partial z}{\partial \theta}$ をそれぞれ $\dfrac{\partial z}{\partial x}$ と $\dfrac{\partial z}{\partial y}$ を使って表せ．

(2) $\dfrac{\partial^2 z}{\partial r^2} = \cos^2\theta \dfrac{\partial^2 z}{\partial x^2} + 2\cos\theta\sin\theta \dfrac{\partial^2 z}{\partial x \partial y} + \sin^2\theta \dfrac{\partial^2 z}{\partial y^2}$ であることを示せ．

(3) $\dfrac{\partial^2 z}{\partial \theta^2} = r^2 \left( \sin^2\theta \dfrac{\partial^2 z}{\partial x^2} - 2\cos\theta\sin\theta \dfrac{\partial^2 z}{\partial x \partial y} + \cos^2\theta \dfrac{\partial^2 z}{\partial y^2} \right)$
$\quad -r \left( \cos\theta \dfrac{\partial z}{\partial x} + \sin\theta \dfrac{\partial z}{\partial y} \right)$ であることを示せ．

(4) $\Delta z \equiv \dfrac{\partial^2 z}{\partial x^2} + \dfrac{\partial^2 z}{\partial y^2} = \dfrac{\partial^2 z}{\partial r^2} + \dfrac{1}{r^2} \dfrac{\partial^2 z}{\partial \theta^2} + \dfrac{1}{r} \dfrac{\partial z}{\partial r}$ であることを示せ．$\Delta$ はラプラシアンと呼ばれる偏微分演算子で，2変数の場合は $\Delta \equiv \dfrac{\partial^2}{\partial x^2} + \dfrac{\partial^2}{\partial y^2}$ である．

**問題 1.16.** $u = u(x, t)$ が
$$\dfrac{\partial u}{\partial t} + c\dfrac{\partial u}{\partial x} = 0 \quad (\text{ただし，} c \text{ は定数})$$
を満たしているとする．$u$ は直線 $x = ct + d$ （$d$ は任意の定数）上では一定の値をとることを示せ．
（ヒント：$u = u(x, t)$ に $x = ct + d$ を代入すると，$u$ は $t$ の関数 $u = u(ct+d, t)$ となる．この関数を $t$ で微分せよ．）

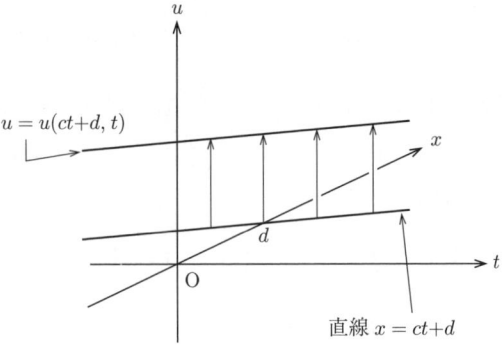

図1.11　$u$ は直線 $x = ct + d$ 上では一定

**問題 1.17.** 関数 $u(x_1, x_2, \cdots, x_n)$ に対する恒等式
$$u(\lambda x_1, \lambda x_2, \cdots, \lambda x_n) = \lambda^\alpha u(x_1, x_2, \cdots, x_n)$$
が任意の定数 $\lambda > 0$ に対して成り立っているとする．ただし，$\alpha$ は定数である．
上式の両辺を $\lambda$ で微分して $\lambda = 1$ を代入すると
$$x_1 \dfrac{\partial u}{\partial x_1}(x_1, x_2, \cdots, x_n) + x_2 \dfrac{\partial u}{\partial x_2}(x_1, x_2, \cdots, x_n) +$$
$$\cdots + x_n \dfrac{\partial u}{\partial x_n}(x_1, x_2, \cdots, x_n)$$
$$= \alpha\, u(x_1, x_2, \cdots, x_n)$$

が得られることを示せ．

**問題 1.18.** $a$ を定数とする．$\dfrac{d}{dx}\displaystyle\int_a^x f(x,t)\,dt$ を計算せよ．

（ヒント：$F(p,q) = \displaystyle\int_a^p f(q,t)\,dt$ とおく．これに $p = x, q = x$ を代入して得られる関数 $F(x,x)$ を $x$ で微分する．）

## 1.4 極値

1 変数関数の極大・極小を調べるとき「微分して増減表を書く」のが普通であるが，2 変数関数の場合この方法はほとんど絶望的である．というのは，多変数関数の独立変数が動ける方向は 1 つではないから（p.1 の図 1.1 (a) を参照せよ），一つひとつの方向ごとに関数の増減を考えてもしょうがないからである．極値問題は関数の 2 次近似でわかる情報としてとらえること，これが本節のメインテーマである．

まずは 1 変数の場合から始めよう．1 変数関数 $y = f(x)$ が $x = x_0$ で **極大**（**極小**）であるとは，
$x_0$ に十分近い任意の $x \neq x_0$ に対して $f(x) < f(x_0)$ $(f(x) > f(x_0))$ が成り立つことである．端的にいえば「極大＝局所的最大」，「極小＝局所的最小」である[11]．

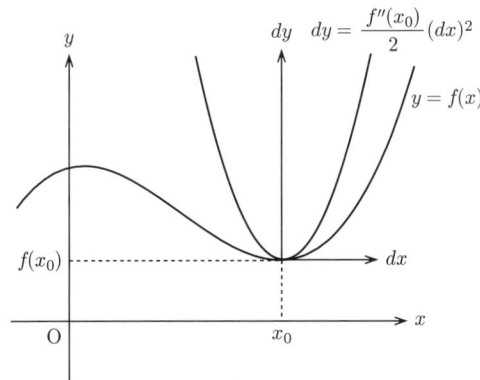

図 1.12　$x = x_0$ での $y = f(x)$ の 2 次近似

---

[11] ただし，定数関数の場合は当てはまらない．

$C^2$ 級の関数 $y = f(x)$ が $x = x_0$ で極値をとるとき $f'(x_0) = 0$ であるから, $x = x_0$ の近くで $f(x)$ を 2 次の項までテイラー展開すると,

$$y = f(x_0) + f'(x_0)(x - x_0) + \frac{1}{2}f''(x_0)(x - x_0)^2 + \cdots$$
$$= f(x_0) + \frac{1}{2}f''(x_0)(x - x_0)^2 + \cdots$$

となる．この 2 次近似式を $(x_0, f(x_0))$ を原点とする局所座標 $(dx, dy)$ で考えれば（図 1.12 参照），結局, $y = f(x)$ の極値問題は放物線 $Y = cX^2$ の形状を考えるのと同じであり, 2 階微分係数 $f''(x_0)$ の符号によって極大・極小を判定できることがわかる．結果をまとめておこう．

―― 1 変数関数の極大・極小の判定法 ――――――

関数 $y = f(x)$ は $C^2$ 級の関数とし, $f'(x_0) = 0$ と仮定する.
$y = f(x)$ は $x = x_0$ で,
(i) $f''(x_0) < 0$ ならば極大, (ii) $f''(x_0) > 0$ ならば極小.

2 変数関数の場合へ移ろう．2 変数関数 $z = f(x, y)$ が $(x, y) = (x_0, y_0)$ で **極大**（**極小**）であるとは,

$(x_0, y_0)$ に十分近い任意の $(x, y) \neq (x_0, y_0)$ に対して
$f(x, y) < f(x_0, y_0)$ $(f(x, y) > f(x_0, y_0))$

が成り立つことである．$C^2$ 級の関数 $f(x, y)$ が $(x, y) = (x_0, y_0)$ で極値をとるとき，この点における接平面は水平になるから, $f_x(x_0, y_0) = f_y(x_0, y_0) = 0$ でなければならない．

―― 極値をとる点の候補 ――――――

$C^2$ 級の関数 $f(x, y)$ が極値をとる点の候補は, 連立方程式 $f_x(x, y) = f_y(x, y) = 0$ を解いて得られる.

さらに, $(x_0, y_0)$ 近くでの関数 $f(x, y)$ の 2 次近似を考えることによって, $f(x, y)$ が $(x_0, y_0)$ で極値をとるための十分条件が以下のように得られる．

### 2 変数関数の極大・極小の判定法

$z = f(x, y)$ は $C^2$ 級の関数とし，$f_x(x_0, y_0) = f_y(x_0, y_0) = 0$ と仮定する．

ヘッセ行列 $\begin{bmatrix} f_{xx}(x, y) & f_{xy}(x, y) \\ f_{yx}(x, y) & f_{yy}(x, y) \end{bmatrix}$ の行列式 (ヘッシアン (Hessian ; ヘッセ行列式) と呼ぶ) を

$$H(x, y) = \begin{vmatrix} f_{xx}(x, y) & f_{xy}(x, y) \\ f_{yx}(x, y) & f_{yy}(x, y) \end{vmatrix}$$

とおく．$z = f(x, y)$ は $(x, y) = (x_0, y_0)$ において，

(i) $H(x_0, y_0) > 0$ のとき，

$f_{xx}(x_0, y_0) > 0$ または $f_{yy}(x_0, y_0) > 0$ なら，極小，

$f_{xx}(x_0, y_0) < 0$ または $f_{yy}(x_0, y_0) < 0$ なら，極大，

(ii) $H(x_0, y_0) < 0$ のとき，極値をとらない．

**説明** 関数 $f(x, y)$ を $(x, y) = (x_0, y_0)$ の近くで 2 次の項までテイラー展開すると，

$$f(x, y) = f(x_0, y_0) + \underbrace{f_x(x_0, y_0)}_{0}(x - x_0) + \underbrace{f_y(x_0, y_0)}_{0}(y - y_0)$$
$$+ \frac{1}{2}\{f_{xx}(x_0, y_0)(x - x_0)^2 + 2f_{xy}(x_0, y_0)(x - x_0)(y - y_0)$$
$$+ f_{yy}(x_0, y_0)(y - y_0)^2\} + \cdots \tag{1.5}$$

となる[12]．この 2 次近似式を $(x_0, y_0, f(x_0, y_0))$ を原点とする局所座標 $(dx, dy, dz)$ で考えれば，

$$dz = \frac{1}{2}\{f_{xx}(x_0, y_0)(dx)^2 + 2f_{xy}(x_0, y_0)\,dx\,dy + f_{yy}(x_0, y_0)(dy)^2\}$$

となるから，結局，$z = f(x, y)$ の極値問題は，同次 2 次関数 $z = ax^2 + 2bxy + cy^2$ の原点 $(0, 0)$ での様子を調べることに帰着され，上記の結論を得る[13]．　□

同次 2 次関数 $z = ax^2 + 2bxy + cy^2$ についてまとめておこう．

---

[12] p.13, 問 1.4 の (3) で，$x = x_0 + h$, $y = y_0 + k$ とおく．
[13] より正確な議論を知りたい読者は，p.70, 付録 A.6 を参照せよ．

> **同次 2 次関数 $z = ax^2 + 2bxy + cy^2$ の性質**
>
> (ただし，$(a,b,c) \neq (0,0,0)$ とする)
>
> $z = ax^2 + 2bxy + cy^2$ は $(x,y) = (0,0)$ において，
>
> (i) $\begin{vmatrix} a & b \\ b & c \end{vmatrix} > 0$ のとき，　$a > 0$ または $c > 0$ なら　極小，
>
> $a < 0$ または $c < 0$ なら　極大，
>
> (ii) $\begin{vmatrix} a & b \\ b & c \end{vmatrix} < 0$ のとき，　極値をとらない．

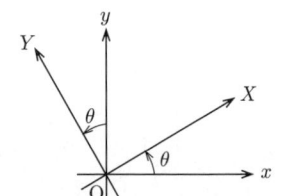

**図 1.13** 座標軸の回転

**説明**　(i), (ii) それぞれの条件のもとで $z = ax^2 + 2bxy + cy^2$ のグラフを考えよう．線形代数で学ぶ 2 次形式の知識を使えば，原点を中心として座標軸 $x, y$ を適当な角度だけ回転した軸をそれぞれ $X, Y$ とすると，$z = ax^2 + 2bxy + cy^2$ は

$$z = \alpha X^2 + \beta Y^2 \quad (\alpha, \beta \text{ は定数}) \tag{1.6}$$

と変形できる[14]（図 1.13）．

ここで，$\alpha, \beta$ は対称行列 $A := \begin{bmatrix} a & b \\ b & c \end{bmatrix}$ の固有値で，$A$ の固有方程式

$$|\lambda E - A| = \begin{vmatrix} \lambda - a & -b \\ -b & \lambda - c \end{vmatrix} = (\lambda - a)(\lambda - c) - b^2$$
$$= \lambda^2 - (a+c)\lambda + (ac - b^2) = 0$$

の解である．この 2 次方程式の判別式を計算すると，

$$D = (a+c)^2 - 4(ac - b^2) = (a-c)^2 + 4b^2 \geq 0$$

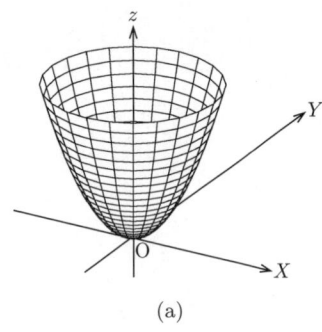

(a)

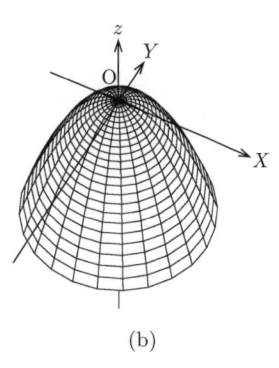

(b)

**図 1.14**　(a) 上に開いた楕円放物面
(b) 下に開いた楕円放物面

となるから，$\alpha, \beta$ はともに実数である．また，解と係数の関係より，

$$\alpha\beta = ac - b^2 = \begin{vmatrix} a & b \\ b & c \end{vmatrix} \tag{1.7}$$

が成り立つ．すなわち，

> 固有値の積は行列式に等しい．

(i) $\begin{vmatrix} a & b \\ b & c \end{vmatrix} > 0$ のときは，(1.7) より $\alpha\beta > 0$ であるから，この場合のグラフは**楕円放物面**で，図 1.14 (a) または (b) のいずれかになる．

---

[14] 線形代数の講義で「対称行列の対角化」について学んだら，もう一度ここを復習せよ．「行列の対角化」とは，対象となる行列にとって最も都合のよい座標軸（基底）をとるという考え方である．

$a > 0$ のとき，曲面 $z = ax^2 + 2bxy + cy^2$ を平面 $y = 0$ で切った切り口の曲線 $z = ax^2$ が下に凸の放物線となるから，曲面のグラフは上に開いた楕円放物面となる．$a < 0$ なら下に開いた楕円放物面である．$c > 0$ または $c < 0$ を仮定したときも同様に考えればよい．以上より，原点 $(0,0)$ では，

$$a > 0 \text{ または } c > 0 \text{ なら，} \quad \text{極小}$$
$$a < 0 \text{ または } c < 0 \text{ なら，} \quad \text{極大}$$

になっている．

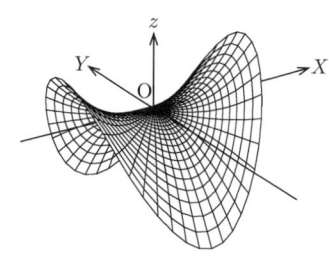

図 1.15 双曲放物面

(ii) $\begin{vmatrix} a & b \\ b & c \end{vmatrix} < 0$ のときは $\alpha\beta < 0$ なので，グラフは**双曲放物面**となる[15]．原点は極大でも極小でもなく，**鞍点**（あんてん）と呼ばれる（図 1.15）[16]． □

2 変数関数の極大・極小を考えるときは，図 1.16 に示すような**近似 2 次曲面**が頭に浮かぶようにしておくことが大事である．

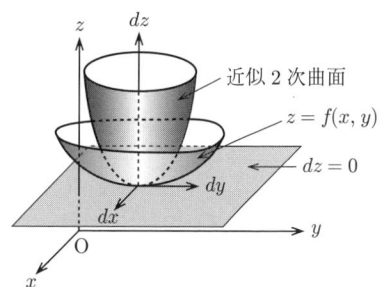

> **例題 1.7.** 次の関数の極大・極小を調べよ．
> (1) $f(x,y) = 1 - 2x^2 - xy - y^2 + 2x - 3y$
> (2) $f(x,y) = 2x^3 + xy^2 + 5x^2 + y^2$

**解答** まず，連立方程式 $f_x(x,y) = f_y(x,y) = 0$ を解いて極値をとる点の候補をみつけ，その後，ヘッシアン $H(x,y)$ の符号および $f_{xx}$（または $f_{yy}$）の符号を候補の点ごとに調べればよい．

(1) $f_x = -4x - y + 2$, $f_y = -x - 2y - 3$, $f_{xx} = -4$, $f_{xy}(= f_{yx}) = -1$, $f_{yy} = -2$. したがって，ヘッシアン $H(x,y)$ は

$$H(x,y) = \begin{vmatrix} f_{xx} & f_{xy} \\ f_{yx} & f_{yy} \end{vmatrix} = \begin{vmatrix} -4 & -1 \\ -1 & -2 \end{vmatrix} = 7$$

である．$f_x = f_y = 0$ とおくと $-4x - y + 2 = 0$, $-x - 2y - 3 = 0$. これらを連立して解くと，$(x,y) = (1,-2)$ となる．$H(1,-2) = 7 > 0$, $f_{xx}(1,-2) = -4 < 0$ であるから極大．$f(1,-2) = 5$ である．

(2) $f_x = 6x^2 + y^2 + 10x$, $f_y = 2xy + 2y$, $f_{xx} = 12x + 10$, $f_{xy}(=$

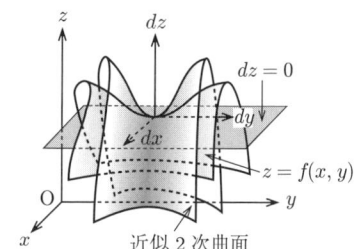

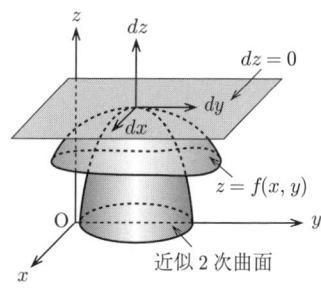

図 1.16 近似 2 次曲面

---

[15] たとえば，競馬の騎手が乗る馬の背中の形状を考えればよい．
[16] たとえば，$\alpha > 0$ かつ $\beta < 0$ のとき，$Xz$ 平面上の曲線 $z = \alpha X^2$ に沿って考えると O は極小であるが，$Yz$ 平面上の曲線 $z = \beta Y^2$ に沿って考えると O は極大となるので，O では極値をとらない．

$f_{yx}) = 2y$, $f_{yy} = 2x + 2$. したがって，ヘッシアン $H(x,y)$ は

$$H(x,y) = \begin{vmatrix} f_{xx} & f_{xy} \\ f_{yx} & f_{yy} \end{vmatrix} = \begin{vmatrix} 12x+10 & 2y \\ 2y & 2x+2 \end{vmatrix} = 4(6x+5)(x+1) - 4y^2$$

である．$f_x = f_y = 0$ とおくと $6x^2 + y^2 + 10x = 0$, $2xy + 2y = 2y(x+1) = 0$. 後者より $y = 0$ または $x = -1$.

(i) $y = 0$ のとき

$6x^2 + y^2 + 10x = 0$ に代入すると $6x^2 + 10x = 0$ となり $2x(3x+5) = 0$, $\therefore x = 0$ または $x = -\dfrac{5}{3}$.

(ii) $x = -1$ のとき

$6x^2 + y^2 + 10x = 0$ に代入すると $y^2 = 4$, $\therefore y = \pm 2$.

$(0,0)$, $\left(-\dfrac{5}{3}, 0\right)$, $(-1, 2)$, $(-1, -2)$ が極値をとる点の候補である．それぞれの点でのヘッシアン $H(x,y)$ を計算しよう．

$H(0,0) = 4 \times 5 \times 1 - 4 \times 0^2 = 20 > 0$, $f_{yy}(0,0) = 2 \times 0 + 2 = 2 > 0$ より極小．$f(0,0) = 0$ である．

$H\left(-\dfrac{5}{3}, 0\right) = 4 \times \left\{6 \times \left(-\dfrac{5}{3}\right) + 5\right\} \times \left(-\dfrac{5}{3} + 1\right) - 4 \times 0^2 = \dfrac{40}{3} > 0$, $f_{yy}\left(-\dfrac{5}{3}, 0\right) = 2 \times \left(-\dfrac{5}{3}\right) + 2 = -\dfrac{4}{3} < 0$ より極大．$f\left(-\dfrac{5}{3}, 0\right) = \left(\dfrac{5}{3}\right)^3$ である．

$H(-1, 2) = 4 \times (-6 + 5) \times (-1 + 1) - 4 \times 2^2 = -16 < 0$ より極値をとらない．

$H(-1, -2) = 0 - 4 \times (-2)^2 = -16 < 0$ より極値をとらない． □

ヘッシアンが $0$ になる場合は極値をとることもあれば，とらないこともある．

**例題 1.8.** 次の関数の極大・極小を調べよ．
(1) $f(x,y) = x^2 - y^4$　　(2) $f(x,y) = x^2 + y^4$

**解答** (1) $f_x = 2x$, $f_y = -4y^3$, $f_{xx} = 2$, $f_{xy} = 0$, $f_{yy} = -12y^2$. したがって，ヘッシアン $H(x,y)$ は

$$H(x,y) = \begin{vmatrix} f_{xx} & f_{xy} \\ f_{yx} & f_{yy} \end{vmatrix} = \begin{vmatrix} 2 & 0 \\ 0 & -12y^2 \end{vmatrix} = -24y^2$$

である．$f_x = f_y = 0$ とおくと $2x = -4y^3 = 0$. これより $(x,y) = (0,0)$ が極値の候補であるが，ヘッシアン $H(0,0)$ の値は $0$ となるため，2次近似による判定法は使えない．このようなときは，極大・極小の定義に

戻って考えるしかない．点 $(0,0)$ の近くの点として，$(x,0)$ をとると $f(x,0) = x^2 > 0 = f(0,0)$．また $(0,y)$ をとると $f(0,y) = -y^4 < 0 = f(0,0)$．よって，$(0,0)$ で極値をとらない．

(2) (1) と同様に，原点 $(0,0)$ は極値をとる点の候補であるが，やはり $H(0,0) = 0$ となるため，2次近似による判定法は使えない．しかしこの問題は関数の形から，原点で 0，原点以外では正であるから，原点で最小値をとることがわかる（これは偏導関数などを計算する前にわかることである）． □

**問 1.6.** 次の関数の極大・極小を調べよ．
(1)   $f(x,y) = x^2 - xy + y^2 + 2x - y + 7$
(2)   $f(x,y) = x^3 + y^3 - 3xy$

———————————— 練習問題 ————————————

**問題 1.19.** 次の関数の極大・極小を調べよ．
(1) $f(x,y) = xye^{-x^2-y^2}$       (2) $f(x,y) = xy(a-x-y)$ $(a \neq 0)$
(3) $f(x,y) = x^4 + y^4 + 6x^2y^2 - 2y^2$   (4) $f(x,y) = x^4 + y^4 - 2x^2 y$

**問題 1.20.** 関数 $f(x,y) = (y-x^2)(y-2x^2)$ の極大・極小を調べよ．

## 1.5 陰関数

これまでは，主として $x$ と $y$ の値の 1 組 $(x,y)$ を定めれば 1 つの変数 $z$ が定まる関数 $z = f(x,y)$ を扱ってきた．このとき，$(x,y)$ は独立変数であり，$z$ は従属変数である．この節では，まず最初に，2 つの変数 $x$ と $y$ が独立には動けずに

$$f(x,y) = c \ (c \text{ は定数}) \tag{1.8}$$

という条件を満たして変化するとき，$x$ と $y$ の間で成り立つ関数関係についてどのような情報が得られるかを考える．(1.8) という制約条件があるので[17]，1 つの $x$ に対して $y$ はある特定の値しかとらないと考えられる．ただし，その特定の値はただ 1 つの場合もあれば，2 つ以上存在することもある．1 つの $x$ に対して $y$ がただ 1 つに定まるとき，その対応関係を表す関数 $y = \varphi(x)$ を**陰関数**という．陰関数はどのようなときに存在するのだろうか？最初は具体的な例で考えよう．

---

[17] 任意の $x, y$ に対して $f(x,y) = c$ が成り立つときは，当然のことながら $x$ と $y$ は独立に動ける．この場合，関数 $z = f(x,y) = c$ は「高さ $c$」の平面を表す．

**例 1.2.** $f(x,y) = x^2 + y^2 = 2$ が表す曲線は円であり，これを $C$ とする．$C$ 上の点を $(x,y)$ とすると，一般には 1 つの $x$ に対して 2 つの $y$ が定まる．実際，$\pm\sqrt{2}$ 以外の $x$ に対して，$y = \pm\sqrt{2-x^2}$ となる．ところが，図 1.17 のように，$C$ 上の点 P $(1,1)$ 付近の十分狭い範囲に曲線を制限すれば 1 つの $x$ に対して 1 つの $y$ が定まるので，陰関数 $y = \varphi(x) = \sqrt{2-x^2}$ が存在する．このように，点 P での接線が傾きをもつこと（今の場合，傾きは負）が陰関数が定まる十分条件と考えられる．　　　　□

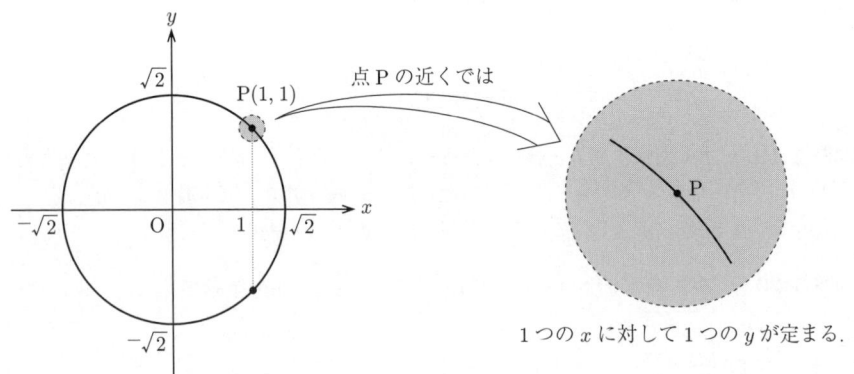

1 つの $x$ に対して 1 つの $y$ が定まる．

図 1.17　円 $x^2 + y^2 = 2$ から定まる陰関数

一般に $f(x,y) = c$ という関係式が表す図形は $xy$ 平面内の曲線と考えられるので，これを $C$ とおく．曲線 $C$ の接線は，曲面 $z = f(x,y)$ の接平面

$$dz = \frac{\partial f}{\partial x}(x,y)\,dx + \frac{\partial f}{\partial y}(x,y)\,dy$$

の $dz = 0$ での切り口であるから，

$$\frac{\partial f}{\partial x}(x,y)\,dx + \frac{\partial f}{\partial y}(x,y)\,dy = 0 \tag{1.9}$$

のように表すことができる[18]．これが傾きをもつ条件は，$\dfrac{\partial f}{\partial y}(x,y) \neq 0$ となることであり，この条件のもとで，

$$\frac{\partial f}{\partial y}(x,y)\,dy = -\frac{\partial f}{\partial x}(x,y)\,dx, \quad \therefore\ dy = -\frac{\dfrac{\partial f}{\partial x}(x,y)}{\dfrac{\partial f}{\partial y}(x,y)}\,dx \tag{1.10}$$

となる[19]．関係式 (1.8) から 1 次式 (1.9) を導くことを，「(1.8) の**両辺**

---

[18] たとえば，$f(x,y) = x^2 + y^2$ かつ $c = 2$ のとき，すなわち，曲線 $x^2 + y^2 = 2$ の接線の方程式については，p.10, 図 1.8 を参照せよ．

[19] この変形は，$b \neq 0$ ならば，$aX + bY = 0 \Longrightarrow bY = -aX \Longrightarrow Y = -\dfrac{a}{b}X$ になるという 1 次式の計算にすぎない．

の全微分をとる」という．以上の考察より，次のことがわかった．

> **陰関数定理**
>
> $f_y(x,y) \neq 0$ となる点 $(x,y)$ の近くでは $f(x,y) = c$ の関係式から $y = \varphi(x)$ と表すことができる．さらに，$\varphi(x)$ の導関数 $\varphi'(x)$ は
> $$\varphi'(x) = -\frac{f_x(x,y)}{f_y(x,y)}$$
> と表せる．

このように，一般に $f(x,y) =$ 一定という関係式から $y = \varphi(x)$ と表せる関数 $\varphi$ の存在を保証するのが陰関数定理である．一般に陰関数は具体的な関数の形がわからない，いわば「目に見えない」関数であるが，その存在が保証されていれば連続性や微分可能性を議論することができる．陰関数定理の正確な記述は，p.72, 付録 A.7 を参照せよ．

**注 1.3.** (1.10) の $dx$ の係数について[20]，
$$\frac{\frac{\partial f}{\partial x}}{\frac{\partial f}{\partial y}} = \frac{\frac{\cancel{\partial f}}{\partial x}}{\frac{\cancel{\partial f}}{\partial y}} = \frac{\partial y}{\partial x}$$

のような約分計算はできない．以前に注意したように，2 つの偏微分 $\frac{\partial f}{\partial x}$ と $\frac{\partial f}{\partial y}$ では固定する変数が異なる．したがって，$\frac{\partial f}{\partial x}$ の $\partial f$ と $\frac{\partial f}{\partial y}$ の $\partial f$ は同じ量ではないから約分はできない． □

**注 1.4.** $x, y$ が (1.8) を満たしながら，それぞれ $\Delta x, \Delta y$ だけ微小変化したとき，
$$f(x + \Delta x, y + \Delta y) - f(x,y) = c - c = 0$$
が成り立つが，この等式の左辺において $\Delta x$ と $\Delta y$ について 2 次以上の項を無視して得られる 1 次式が (1.9) であるともいえる（p.38, 問題 1.33 で具体的に確認せよ）． □

---

[20] 簡単のため，$\frac{\partial f}{\partial x}(x,y) = \frac{\partial f}{\partial x}$，$\frac{\partial f}{\partial y}(x,y) = \frac{\partial f}{\partial y}$ と書くことにする．

**例題 1.9.** 曲線 $C : f(x,y) = y - xe^y = 1$ について，以下の各問に答えよ．
(1) $f(x,y) = 1$ の両辺の全微分をとれ．
(2) 曲線 $C$ 上の点 $(0,1)$ の近くで陰関数 $y = \varphi(x)$ が存在するかどうか答えよ．存在する場合は，その点における微分係数 $\varphi'(0)$ を求めよ．

**解答** (1) $f_x(x,y) = -e^y$ かつ $f_y(x,y) = 1 - xe^y$ であるから，$f(x,y) = 1$ の両辺の全微分をとると，$-e^y\,dx + (1 - xe^y)\,dy = 0$ となる．

(2) $f_y(0,1) = 1 - 0 \cdot e^1 = 1 \neq 0$ であるから，曲線 $C$ 上の点 $(0,1)$ の近くで陰関数 $y = \varphi(x)$ が存在する．さらに，
$$\varphi'(0) = -\frac{f_x(x,y)}{f_y(x,y)}\bigg|_{(x,y)=(0,1)} = -\frac{-e^y}{1 - xe^y}\bigg|_{(x,y)=(0,1)} = e$$
となる． □

**問 1.7.** 次の曲線 $C$ 上の各点の近くで陰関数 $y = \varphi(x)$ が存在するかどうか答えよ．存在する場合は，その点における微分係数を求めよ．
(1) 曲線 $C : f(x,y) = x^2 + y^2 - e^{xy} = 0$ 上の点 $(0,1)$
(2) 曲線 $C : f(x,y) = \dfrac{x^2}{4} + \dfrac{y^2}{9} = 1$ 上の点 $\left(1, -\dfrac{3\sqrt{3}}{2}\right)$
(3) 曲線 $C : f(x,y) = \dfrac{x^2}{4} + \dfrac{y^2}{9} = 1$ 上の点 $(2, 0)$

上と同様に考えて，$f_x(x,y) \neq 0$ となる点 $(x,y)$ の近くでは陰関数 $x = \psi(y)$ が存在する．曲線 $C : f(x,y) = c$ 上の点 $(x,y)$ で $f_x(x,y) = f_y(x,y) = 0$ を満たすものを曲線 $C$ の**特異点**[21]という．特異点では (1.9) 式が $0\,dx + 0\,dy = 0$ となるので，この式から曲線 $C$ の情報は何も得られない．特異点では陰関数が複数存在することもあれば存在しないこともあり，一般的なことは何もいえない．点 $(x,y)$ が曲線 $C$ の特異点でなければ，$f_x(x,y) \neq 0$ または $f_y(x,y) \neq 0$ が成り立つので，2 つの陰関数 $y = \varphi(x)$ と $x = \psi(y)$ の少なくとも 1 つは定まる．

---
[21] これは幾何学的な立場から名付けられたもので，この点で関数が滑らかでなくなるという意味ではない．

例題 1.10. 曲線 $C : f(x,y) = x^2 - y^3 - y^2 = 0$ について，以下の各問に答えよ．

(1) 曲線 $C$ の特異点を求めよ．

(2) 次の曲線 $C$ 上の各点の近くで陰関数 $y = \varphi(x)$ または $x = \psi(y)$ が存在するかどうか答えよ．存在する場合は，その点における微分係数を求めよ．

(i) $(\sqrt{2}, 1)$　(ii) $\left(\dfrac{2}{3\sqrt{3}}, -\dfrac{2}{3}\right)$　(iii) $\left(-\dfrac{2}{3\sqrt{3}}, -\dfrac{2}{3}\right)$

**解答** (1) $f_x = 2x = 0$ かつ $f_y = -3y^2 - 2y = 0$ より，$(x,y) = (0,0), \left(0, -\dfrac{2}{3}\right)$ となるが，このうち，曲線 $C$ 上にあるのは $(0,0)$ である．よって，曲線 $C$ の特異点は $(0,0)$ である．

(2) まず，$x^2 - y^3 - y^2 = 0$ の両辺の全微分をとると，
$$2x\,dx + (-3y^2 - 2y)\,dy = 0 \qquad (*)$$
となる．

(i) $(*)$ 式に $(x,y) = (\sqrt{2}, 1)$ を代入すると，
$$2\sqrt{2}\,dx - 5\,dy = 0 \qquad (**)$$
となり，$dy$ の係数が $0$ でない．よって，点 $(\sqrt{2}, 1)$ の近くで陰関数 $y = \varphi(x)$ が定まる．この点における微分係数 $\varphi'(\sqrt{2})$ は，上式より，
$$\varphi'(\sqrt{2}) = \frac{dy}{dx} = \frac{2\sqrt{2}}{5}$$
となる（図 1.18 参照）．また，$(**)$ の $dx$ の係数が $0$ でないから，点 $(\sqrt{2}, 1)$ の近くで陰関数 $x = \psi(y)$ も定まり，微分係数 $\psi'(1)$ は
$$\psi'(1) = \frac{dx}{dy} = \frac{5}{2\sqrt{2}}$$
となる．

(ii) $(*)$ 式に $(x,y) = \left(\dfrac{2}{3\sqrt{3}}, -\dfrac{2}{3}\right)$ を代入すると，
$$\frac{4}{3\sqrt{3}}\,dx + 0\,dy = 0, \qquad \therefore\ dx = 0$$
となり，点 $\left(\dfrac{2}{3\sqrt{3}}, -\dfrac{2}{3}\right)$ における曲線 $C$ の接線は $y$ 軸に平行になる．よって，$\left(\dfrac{2}{3\sqrt{3}}, -\dfrac{2}{3}\right)$ の近くで陰関数 $y = \varphi(x)$ は定まらないが，陰関数 $x = \psi(y)$ は定まる．微分係数 $\psi'\left(-\dfrac{2}{3}\right)$ は $0$ である．

(iii) は (ii) と同様で，点 $\left(-\dfrac{2}{3\sqrt{3}}, -\dfrac{2}{3}\right)$ における接線の方程式が $y$

軸に平行になるので，$\left(-\dfrac{2}{3\sqrt{3}}, -\dfrac{2}{3}\right)$ の近くで陰関数 $y = \varphi(x)$ は定まらないが，陰関数 $x = \psi(y)$ は定まる．微分係数 $\psi'\left(-\dfrac{2}{3}\right)$ は $0$ である． □

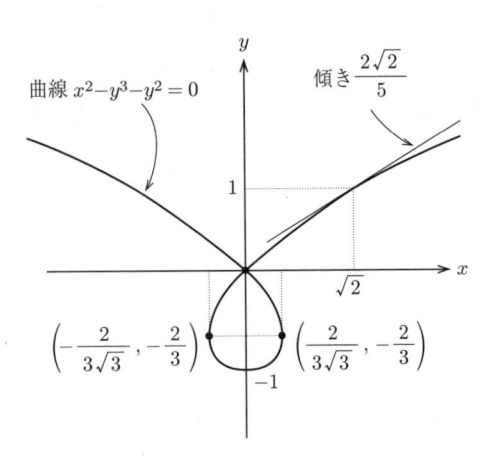

図 1.18　曲線 $x^2 - y^3 - y^2 = 0$（点 $(0,0)$ はこの曲線の特異点）

**注 1.5.** 例題 1.10 の曲線 $C: x^2 - y^3 - y^2 = 0$ の特異点 $(0,0)$ における情報は全微分の式 (*) からは得られない[22]．今の場合は $x^2 - y^3 - y^2 = 0$ を $x$ について解くことができて $x = \pm\sqrt{y^3 + y^2}$　$(y \geq -1)$ となる．したがって，点 $(0,0)$ の近くでは 1 つの $y$ に対して 2 つの $x$ が定まることがわかる（図 1.18 参照）． □

さて，曲線 $C: f(x,y) = c$ が特異点をもたないとき，(1.9) 式は，ベクトル $\begin{bmatrix} \dfrac{\partial f}{\partial x}(x,y) \\ \dfrac{\partial f}{\partial y}(x,y) \end{bmatrix}$ と曲線 $C$ 上の点での接線方向のベクトル $\begin{bmatrix} dx \\ dy \end{bmatrix}$ が直交していることを意味する．$\begin{bmatrix} \dfrac{\partial f}{\partial x}(x,y) \\ \dfrac{\partial f}{\partial y}(x,y) \end{bmatrix}$ を関数 $f(x,y)$ の**勾配ベクトル**といい，これを $\nabla f(x,y)$ と書く[23]．したがって，$\nabla$ はスカラー関数からベクトル値関数を生み出す操作を表す．勾配ベクトルは関数の等高線 $f(x,y) = c$ に直交し，最も急な方向を向いている[24]．高さが変わらない方向と最大傾斜の方向が直交することは，登山などを想定すれば

---

[22] なぜならば，$(x,y) = (0,0)$ のとき，(*) は $0\,dx + 0\,dy = 0$ となるからである．
[23] $\nabla$ は「ナブラ」と読む．
[24] 接線方向のベクトルと勾配ベクトル $\nabla f$ が直交するという情報だけでは $\nabla f$ の方向はもちろん確定しない．この後の本文の記述を読めば，$\nabla f$ は $f$ の値が最も増える方向を向いていることがわかる．

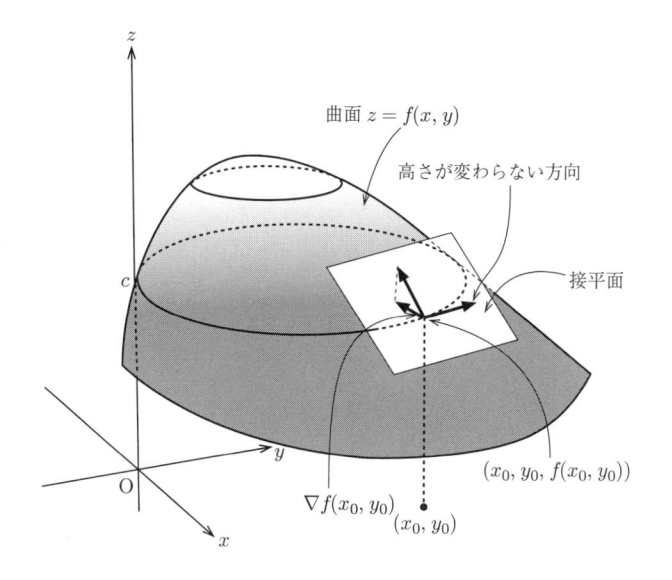

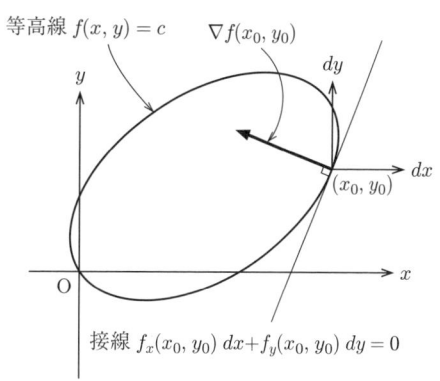

**図 1.19** 勾配ベクトルと等高線

直観的に納得できるだろう（図 1.19 参照）．

このように，勾配ベクトルの性質を導くための基礎になるのは，正比例関数 $Z = aX + bY$ の右辺を 2 つのベクトル $\boldsymbol{a} = \begin{bmatrix} a \\ b \end{bmatrix}$ と $\boldsymbol{x} = \begin{bmatrix} X \\ Y \end{bmatrix}$ の内積とみなして，
$$Z = aX + bY = \boldsymbol{a} \cdot \boldsymbol{x}$$
のように表せるという事実である[25]．これより正比例関数の性質が内積の言葉で翻訳できる．たとえば，増加・減少について以下のように述べることができる．

$(X, Y)$ が $(0, 0)$ から $(h, k)$ まで変化したとき，
$$\begin{cases} Z \text{ が増加} \iff Z = \boldsymbol{a} \cdot \boldsymbol{h} > 0 \\ Z \text{ が一定} \iff Z = \boldsymbol{a} \cdot \boldsymbol{h} = 0 \\ Z \text{ が減少} \iff Z = \boldsymbol{a} \cdot \boldsymbol{h} < 0 \end{cases}$$

が成り立つ．ただし，$\boldsymbol{h} = \begin{bmatrix} h \\ k \end{bmatrix}$ である．さらに，点 $(0, 0)$ における $(h, k)$ 方向への方向微分係数は，[26]
$$\frac{\boldsymbol{a} \cdot \boldsymbol{h}}{|\boldsymbol{h}|} = \boldsymbol{a} \cdot \frac{1}{|\boldsymbol{h}|} \boldsymbol{h} \left( = \frac{ah + bk}{\sqrt{h^2 + k^2}} \right)$$
となる（図 1.20 参照）．ただし，$|\boldsymbol{h}|$ はベクトル $\boldsymbol{h}$ の大きさを表す．

---

[25] この事実は正比例関数 $Z = ax + bY$ の性質であって陰関数の性質ではないが，勾配ベクトルと関係する内容なのでここで述べておく．

[26] p.14 も参照せよ．

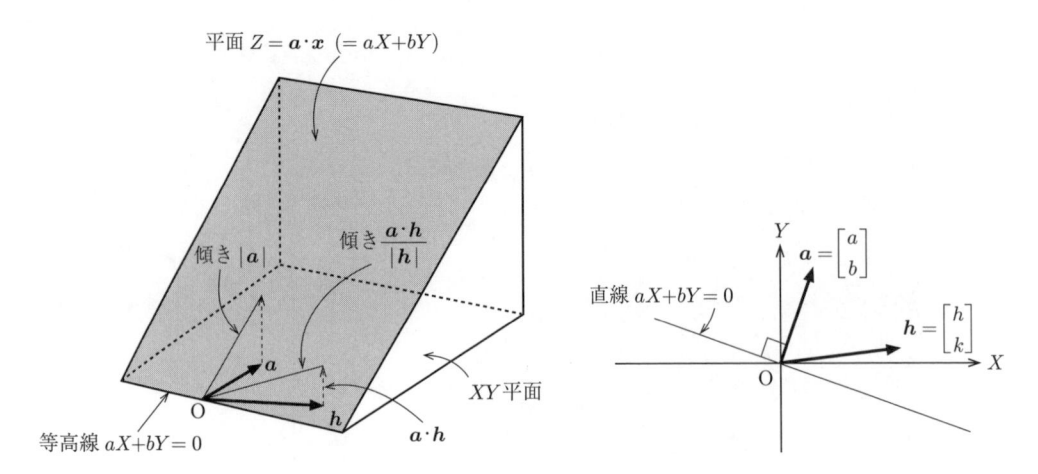

**図 1.20** 原点 O における $\boldsymbol{a}$ 方向および $\boldsymbol{h}$ 方向への方向微分係数

$\dfrac{1}{|\boldsymbol{h}|}\boldsymbol{h}$ は単位ベクトルであることに注意する．特に，$\boldsymbol{h} = \boldsymbol{a}$ のとき，

$$\frac{\boldsymbol{a} \cdot \boldsymbol{a}}{|\boldsymbol{a}|} = \frac{|\boldsymbol{a}|^2}{|\boldsymbol{a}|} = |\boldsymbol{a}|$$

は方向微分係数の最大値である（図 1.20 参照）．

一般の関数 $z = f(x, y)$ の場合は全微分をとって，$d\boldsymbol{x} = \begin{bmatrix} dx \\ dy \end{bmatrix}$ とおけば，

$$dz = f_x(x,y)\,dx + f_y(x,y)\,dy = \begin{bmatrix} f_x(x,y) \\ f_y(x,y) \end{bmatrix} \cdot \begin{bmatrix} dx \\ dy \end{bmatrix} = \nabla f(x,y) \cdot d\boldsymbol{x}$$

と表せるので，上記の正比例関数 $Z = aX + bY = \boldsymbol{a} \cdot \boldsymbol{x}$ の性質が適用できる．特に，方向微分係数およびその最大値については以下のように述べることができる．

---
**方向微分係数およびその最大値**

(i) 関数 $z = f(x, y)$ の点 $(x_0, y_0)$ における $(h, k)$ 方向への方向微分係数は

$$\nabla f(x_0, y_0) \cdot \frac{\boldsymbol{h}}{|\boldsymbol{h}|}$$

で表される．ただし，$\boldsymbol{h} = \begin{bmatrix} h \\ k \end{bmatrix}$ である．

(ii) 方向微分係数が最大となるのは $\boldsymbol{h} = \nabla f(x_0, y_0)$ のときで，最大値は $|\nabla f(x_0, y_0)|$ である．

**例題 1.11.** 曲面 $z = f(x,y) = x^2 + y^2$ に対して，以下の各問に答えよ．

(1) 曲面上の点 $(1,1,2)$ における全微分の式を内積を使って表せ．
(2) $(x,y)$ が点 $(1,1)$ から $(2,1)$ 方向へ微小変化するとき，$z$ の値は増加するかどうか答えよ．さらに，点 $(1,1)$ における $(2,1)$ 方向への方向微分係数を求めよ．
(3) 点 $(1,1)$ における $\nabla f(1,1)$ 方向への方向微分係数を求めよ．

**解答** (1) 曲面上の点 $(1,1,2)$ における全微分は $dz = 2\,dx + 2\,dy$ である（p.9, 例題 1.3 (1) を参照）．よって，右辺を内積を使って表すと，

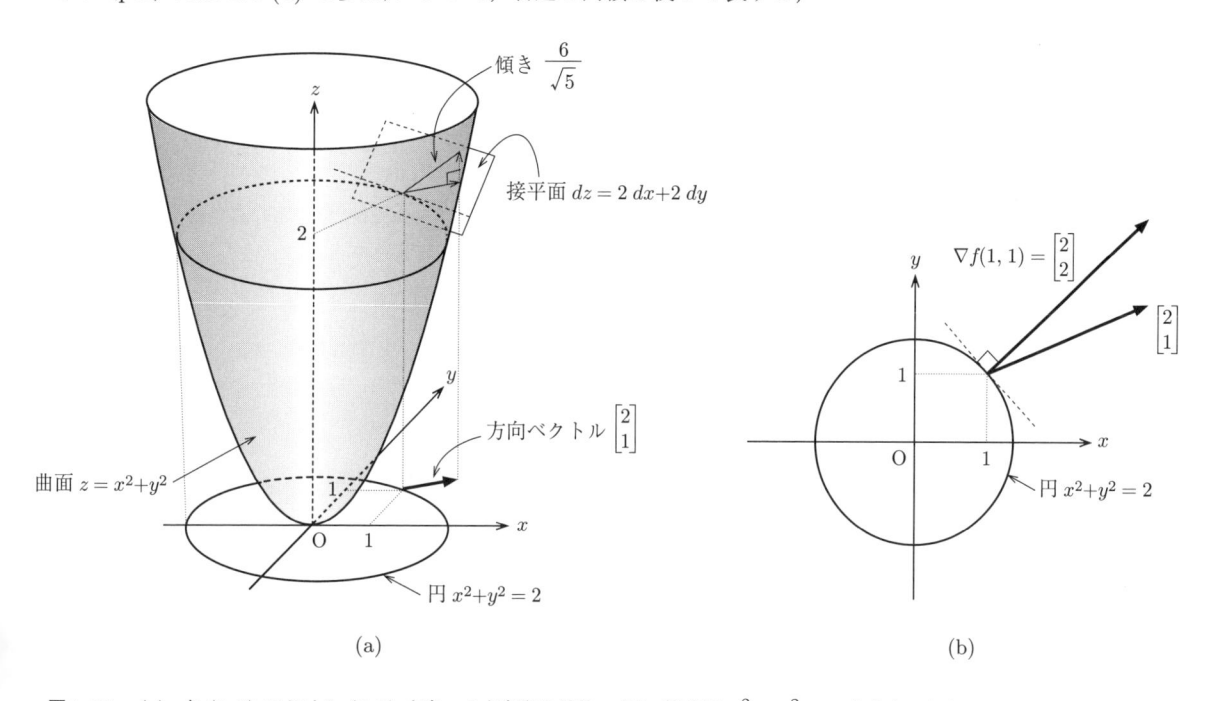

**図 1.21** (a) 点 $(1,1)$ における $(2,1)$ 方向への方向微分係数 (b) 等高線 $x^2 + y^2 = 2$ と方向ベクトル

$$dz = 2\,dx + 2\,dy = \begin{bmatrix} 2 \\ 2 \end{bmatrix} \cdot \begin{bmatrix} dx \\ dy \end{bmatrix} \left( = \nabla f(1,1) \cdot \boldsymbol{dx} \right)$$

となる[27]．

(2) (1) で求めた全微分の式 $dz = 2\,dx + 2\,dy$ に $(dx, dy) = (2,1)$ を代入すると，$dz = 2 \cdot 2 + 2 \cdot 1 = 6 > 0$ より，$z$ の値は増加する．また，

---

[27] $\nabla f(x,y) = \begin{bmatrix} \dfrac{\partial f}{\partial x}(x,y) \\ \dfrac{\partial f}{\partial y}(x,y) \end{bmatrix} = \begin{bmatrix} 2x \\ 2y \end{bmatrix}$ より $\nabla f(1,1) = \begin{bmatrix} 2 \\ 2 \end{bmatrix}$ である．

$(2,1)$ 方向への方向微分係数は
$$\frac{6}{\sqrt{2^2+1^2}} = \frac{6}{\sqrt{5}}$$
となる（図 1.21 (a) 参照）．あるいは，最初から内積の形を用いて，
$$\nabla f(1,1) \cdot \frac{1}{\sqrt{2^2+1^2}} \begin{bmatrix} 2 \\ 1 \end{bmatrix} = 2 \cdot \frac{2}{\sqrt{5}} + 2 \cdot \frac{1}{\sqrt{5}} = \frac{6}{\sqrt{5}}$$
と計算しても同じことである．

(3) $\nabla f(1,1)$ 方向への方向微分係数は $|\nabla f(1,1)|$ で与えられるから，
$$|\nabla f(1,1)| = \sqrt{2^2+2^2} = 2\sqrt{2}$$
である． □

**問 1.8.** 曲面 $z = f(x,y) = x^3 + xy + 2y^2$ 上の点 $(1,1,4)$ における $(1,\sqrt{3})$ 方向への方向微分係数を求めよ．

**問 1.9.** $z = \sqrt{1-x^2-y^2}$ について，以下の各問に答えよ（p.9, 図 1.7 参照）．
(1) 曲面上の点 $(a,b,\sqrt{1-a^2-b^2})$ において曲面の高さが最も減少する方向と，その傾き（方向微分係数）を求めよ．
(2) 点 $(a,b)$ における方向微分係数が $0$ となるような方向を答えよ．

---

**例題 1.12.** 次の関係式から定まる陰関数の導関数を求めよ．
(1) $x^2 + xy + y^2 = 2$
(2) $\log(x^2+y^2) = \arctan\dfrac{y}{x}$
(3) $y\sin x = \cos(x-y)$

---

**解答** (1) $f(x,y) = x^2 + xy + y^2 - 2$ とおくと，$f_x(x,y) = 2x + y$, $f_y(x,y) = x + 2y$ より，$\dfrac{dy}{dx} = -\dfrac{f_x}{f_y} = -\dfrac{2x+y}{x+2y}$.

(2) $f(x,y) = \log(x^2+y^2) - \arctan\dfrac{y}{x}$ とおくと，
$$f_x = \frac{2x}{x^2+y^2} - \frac{1}{1+(\frac{y}{x})^2} \cdot \left(-\frac{y}{x^2}\right) = \frac{2x+y}{x^2+y^2},$$
$$f_y = \frac{2y}{x^2+y^2} - \frac{1}{1+(\frac{y}{x})^2} \cdot \frac{1}{x} = \frac{2y-x}{x^2+y^2}$$
より，$\dfrac{dy}{dx} = -\dfrac{f_x}{f_y} = \dfrac{2x+y}{x-2y}$.

(3) $f(x,y) = y\sin x - \cos(x-y)$ とおくと
$$f_x = y\cos x + \sin(x-y),$$
$$f_y = \sin x - (-\sin(x-y)) \times (-1) = \sin x - \sin(x-y)$$

より，$\dfrac{dy}{dx} = -\dfrac{f_x}{f_y} = \dfrac{y\cos x + \sin(x-y)}{-\sin x + \sin(x-y)}$. □

> **問 1.10.** 次の関係式から定まる陰関数の導関数を求めよ．
> (1) $\dfrac{x^2}{a^2} + \dfrac{y^2}{b^2} = 1$     (2) $x - y = \arcsin x - \arcsin y$

> **例題 1.13.** (1) 円 $x^2 + y^2 = 1$ 上の点 $(x_0, y_0)$ における接線の方程式を求めよ．
> (2) 曲線 $x^2 - xy - 5x + 2y + 8 = 0$ 上の点 $(3, 2)$ における接線の方程式を求めよ．
> (3) 楕円体 $\dfrac{x^2}{a^2} + \dfrac{y^2}{b^2} + \dfrac{z^2}{c^2} = 1$ 上の点 $(x_0, y_0, z_0)$ における接平面の方程式を求めよ．

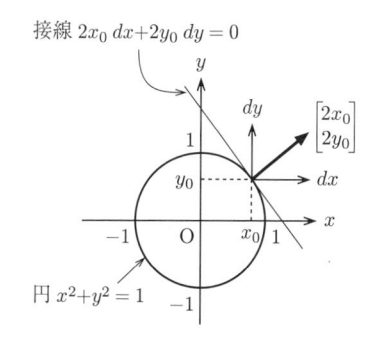

**図 1.22** 円の接線

**解答** (1) $f(x, y) = x^2 + y^2$ とおくと，$f(x, y) = 1$．両辺の全微分をとると $2x\,dx + 2y\,dy = 0$, $x\,dx + y\,dy = 0$．$(x, y) = (x_0, y_0)$ を代入して，$dx = x - x_0, dy = y - y_0$ とおけば，$x_0(x - x_0) + y_0(y - y_0) = 0$．さらに $x_0{}^2 + y_0{}^2 = 1$ であることを使うと，$x_0 x + y_0 y = 1$ となる．
(2) $f(x, y) = x^2 - xy - 5x + 2y + 8$ とおくと，$f(x, y) = 0$．両辺の全微分をとると，$(2x - y - 5)\,dx + (-x + 2)\,dy = 0$．$f_x(3, 2) = -1$ と $f_y(3, 2) = -1$ を代入すると $dx + dy = 0$ となる．$dx = x - 3$, $dy = y - 2$ を代入して $(x - 3) + (y - 2) = 0$，すなわち $x + y = 5$．
(3) $f(x, y, z) = \dfrac{x^2}{a^2} + \dfrac{y^2}{b^2} + \dfrac{z^2}{c^2}$ とおくと，$f(x, y, z) = 1$．両辺の全微分をとると，$\dfrac{2x}{a^2}\,dx + \dfrac{2y}{b^2}\,dy + \dfrac{2z}{c^2}\,dz = 0$, $\dfrac{x}{a^2}\,dx + \dfrac{y}{b^2}\,dy + \dfrac{z}{c^2}\,dz = 0$．$(x, y, z) = (x_0, y_0, z_0)$ を代入して，$dx = x - x_0, dy = y - y_0, dz = z - z_0$ とおけば，$\dfrac{x_0}{a^2}(x - x_0) + \dfrac{y_0}{b^2}(y - y_0) + \dfrac{z_0}{c^2}(z - z_0) = 0$．さらに $\dfrac{x_0{}^2}{a^2} + \dfrac{y_0{}^2}{b^2} + \dfrac{z_0{}^2}{c^2} = 1$ を使えば，$\dfrac{x_0 x}{a^2} + \dfrac{y_0 y}{b^2} + \dfrac{z_0 z}{c^2} = 1$ が得られる．平面の式の一般形については，p.75，付録 A.8 を参照せよ． □

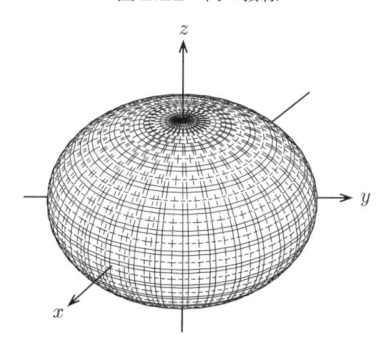

**図 1.23** 楕円体

**例題 1.14.** $xyz$ 空間における温度分布が
$$w = f(x,y,z) = x^2y + yz - e^{xy}$$
により与えられているとき，以下の各問に答えよ．
(1) $(x,y,z)$ が点 $(1,1,1)$ から $(1,-1,-2)$ 方向へ微小変化したとき，温度が上昇するかどうかを答えよ．さらに，点 $(1,1,1)$ における $(1,-1,-2)$ 方向への方向微分係数を求めよ．
(2) 点 $(1,1,1)$ において温度が最も高く上昇する向きを答えよ．

**解答** まず，$\nabla f(1,1,1)$ を求める．
$$\nabla f(x,y,z) = \begin{bmatrix} \dfrac{\partial f}{\partial x}(x,y,z) \\ \dfrac{\partial f}{\partial y}(x,y,z) \\ \dfrac{\partial f}{\partial z}(x,y,z) \end{bmatrix} = \begin{bmatrix} 2xy - ye^{xy} \\ x^2 + z - xe^{xy} \\ y \end{bmatrix} \text{ より}$$

$$\nabla f(1,1,1) = \begin{bmatrix} 2-e \\ 2-e \\ 1 \end{bmatrix}.$$

(1) $dw = \nabla f(1,1,1) \cdot \begin{bmatrix} 1 \\ -1 \\ -2 \end{bmatrix} = \begin{bmatrix} 2-e \\ 2-e \\ 1 \end{bmatrix} \cdot \begin{bmatrix} 1 \\ -1 \\ -2 \end{bmatrix} = (2-e) \cdot 1 + (2-e) \cdot (-1) + 1 \cdot (-2) = -2 < 0$ より，$w$ は減少する．さらに，方向微分係数は

$$\nabla f(1,1,1) \cdot \frac{1}{\sqrt{1^2 + (-1)^2 + (-2)^2}} \begin{bmatrix} 1 \\ -1 \\ -2 \end{bmatrix} = -\frac{2}{\sqrt{6}}$$

となる．(2) の答えは，$\nabla f(1,1,1) = \begin{bmatrix} 2-e \\ 2-e \\ 1 \end{bmatrix}$ である． □

**例題 1.15.** (1) 点 $(1,-3,2)$ を通り，ベクトル $(3,-1,4)$ に垂直な平面の方程式を求めよ．
(2) 平面 $4x + 2y - 3z = 1$ に平行で，点 $(2,-2,3)$ を通る平面の方程式を求めよ．
(3) 3点 $(1,3,0), (1,6,1), (2,-1,-2)$ を通る平面の方程式を求めよ．

**解答** (1) 平面上の点を $(x,y,z)$ とすると, $(x-1, y+3, z-2) \perp (3, -1, 4)$ より, $3(x-1)-(y+3)+4(z-2) = 0$. 整理して, $3x-y+4z = 14$.

(2) 求める平面の法線ベクトルは $4x+2y-3z=1$ の法線ベクトル $(4, 2, -3)$ に等しい. したがって, 求める平面上の点を $(x,y,z)$ とすると, $(x-2, y+2, z-3) \perp (4, 2, -3)$ より, $4(x-2)+2(y+2)-3(z-3) = 0$. 整理して, $4x+2y-3z = -5$.

(3) 求める平面の方程式を $ax+by+cz=d$ とおき, 3点の座標を代入すると, 連立方程式 $\begin{cases} a+3b=d \\ a+6b+c=d \\ 2a-b-2c=d \end{cases}$ を得る. $d$ を消去して, $\begin{cases} 3b+c=0 \\ a-4b-2c=0 \end{cases}$ となり, $c=-3b$, $a=-2b$. さらに $d=a+3b=-2b+3b=b$ となり, $-2bx+by-3bz=b$ となる. $b=0$ とすると, $a=c=d=0$ となり不定なので $b\neq 0$ として, $2x-y+3z=-1$ を得る. □

---
**練習問題**
---

**問題 1.21.** 曲線 $C: f(x,y) = x^3 - 3xy + y^3 = 0$ について, 以下の各問に答えよ.
(1) 曲線 $C$ の特異点を求めよ.
(2) 次の曲線 $C$ 上の各点において陰関数 $y=\varphi(x)$ が存在するかどうか答えよ. 存在する場合は, その点における微分係数を求めよ.

(i) $\left(\dfrac{3}{2}, \dfrac{3}{2}\right)$　　(ii) $(\sqrt[3]{4}, \sqrt[3]{2})$

**問題 1.22.** 曲線 $f(x,y)=xy(x+y)=6$ 上の点 A $(2,1)$ の近くで陰関数 $x=\psi(y)$ が存在するかどうか, 答えよ. さらに, 存在する場合は, 微分係数 $\psi'(1)$ および点 A における接線の方程式を求めよ.

**問題 1.23.** 曲面 $z=f(x,y)$ 上の点 $(x_0, y_0, f(x_0, y_0))$ から $x$ 軸の正方向とのなす角が $\theta$ の方向への方向微分係数を求めよ.

**問題 1.24.** 曲面 $z = x^2 - 2xy + 3y^2$ に対して, 以下の各問に答えよ.
(1) $(x,y)$ が点 $(-2,-1)$ から $(3,-1)$ 方向に微小変化するとき, $z$ の値は増加するかどうか答えよ.
(2) 点 $(1,1)$ における方向微分係数が $0$ である方向を単位ベクトルで答えよ.

**問題 1.25.** 半径 $1$ の薄い鉄円板：$x^2+y^2 \leq 1$ の場所 $(x,y)$ での時刻 $t$ における温度 $u$ が
$$u = u(x,y,t) = y^3 t^2 - tx^2$$
により与えられているとする. 時刻 $t=1$ から微小時間が経過する間に鉄円板

の周上の点 P $\left(\frac{1}{\sqrt{2}}, \frac{1}{\sqrt{2}}\right)$ で熱が外へ流れ出るか，中に入り込むかを調べよ．
（ヒント：熱は温度の高いほうから低いほうへ流れる．）

**問題 1.26.** ある薄い鉄板の場所 $(x,y)$ での時刻 $t$ における温度を
$$u = u(x, y, t)$$
とする．どの時刻 $t$ においても鉄板の周辺 $S$ を通して，鉄板の内部と外部の間に熱のやりとりがない状態（断熱状態）を数式で表せ．ただし，$S$ の外向き単位法線ベクトル（長さ 1 のベクトル）を $\boldsymbol{n}(x,y) = \begin{bmatrix} n_1(x,y) \\ n_2(x,y) \end{bmatrix}$（ただし，$(x,y)$ は $S$ 上の点）とする．

**問題 1.27.** 次の関係式から定まる陰関数の導関数を求めよ．
(1)   $-xy^2 = e^{xy^2}$    (2)   $x^2 - y^2 + \log xy = 0$

**問題 1.28.** 曲線 $\dfrac{x^2}{9} - \dfrac{y^2}{4} = 1$ 上の点 $\left(5, -\dfrac{8}{3}\right)$ における接線の方程式を求めよ．

**問題 1.29.** 曲線 $x^2 - 8xy + 7y^2 - 2x + 8y + 10 = 0$ 上の点 $(5,1)$ における接線の方程式を求めよ．

**問題 1.30.** 曲線 $x^3 + 3xy + 4xy^2 + y^2 + y = 2$ の接線の傾き $\dfrac{dy}{dx}$ を求めよ．

**問題 1.31.** 曲面 $f(x,y,z) = c$ ($c$ は定数) 上の点 $(x_0, y_0, z_0)$ における接平面の式を求めよ．

**問題 1.32.** 3 変数 $x,y,z$ が $f(x,y,z) = c$ ($c$ は定数) という関係式を満たして変化すると仮定する．この関係式から $x,y,z$ それぞれについて解いて $x = x(y,z), y = y(z,x), z = z(x,y)$ を作ったとき，$\left(\dfrac{\partial y}{\partial z}\right)_x \left(\dfrac{\partial z}{\partial x}\right)_y \left(\dfrac{\partial x}{\partial y}\right)_z = -1$ となることを示せ．

**問題 1.33.** 下図のように，壁の端からの水平距離 $x$，鉛直距離 $y$ の位置に長さ $l$ の棒が立てかけられている．$x$ がほんの少し $\Delta x$ だけ増えたとき，$y$ は近似的にどれだけ減るか，答えよ．

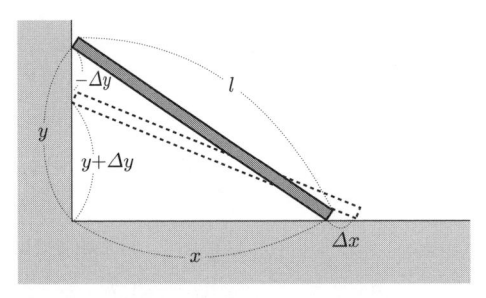

図 1.24　壁に立てかけた棒

**問題 1.34.** $xyz$ 空間における温度分布が
$$f(x, y, z) = y\cos(xy) + x\sin^2 z$$
により与えられているとき，点 P $\left(\dfrac{\pi}{2}, 1, \dfrac{\pi}{4}\right)$ において温度が最も低くなる向きおよびその方向への変化率を答えよ．

**問題 1.35.** (1) 点 $(3,1,-1)$ を通り,ベクトル $(2,0,-1)$ に垂直な平面の方程式を求めよ.
(2) 3 点 $(0,3,7), (6,0,4), (2,-5,1)$ を通る平面の方程式を求めよ.

## 1.6 条件付き極値

条件付き極値問題,すなわち

> "条件 $g(x,y)=0$ のもとで,$z=f(x,y)$ の極値(あるいは最大・最小)を求める"

という問題を考える.$g(x,y)=0$ を**制約条件**,$z=f(x,y)$ を**目的関数**と呼ぶ.この問題は,$g(x,y)=0$ を $y$ について解いて,$y=\varphi(x)$ を求め,これを $z=f(x,y)$ に代入して,$z=f(x,\varphi(x))$ の極値問題として解く,というのが最も自然な発想であろう.しかし,$g(x,y)=0$ という関係式から $y$ を $x$ の式で具体的に書くことは一般には難しい.そこで,陰関数 $y=\varphi(x)$ を表に出さないで条件付き極値問題を解く方法がラグランジュ乗数法である[28].これは理工系の諸分野で頻繁に使われるものであり,確実にマスターしてほしい.

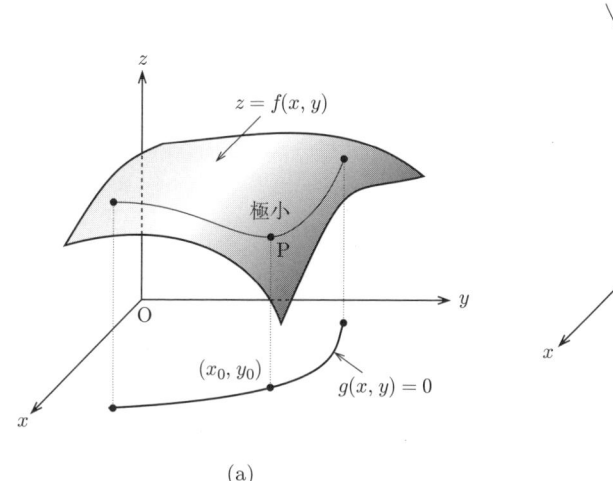

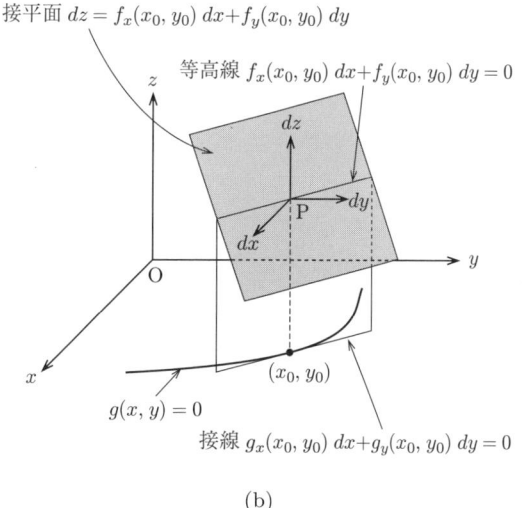

図 **1.25** (a) 曲線 $g(x,y)=0$ 上の関数 $z=f(x,y)$  (b) 直線 $g_x\,dx+g_y\,dy=0$ 上の関数 $dz=f_x\,dx+f_y\,dy$

図 1.25 (a) のように,$(x,y)$ が曲線 $C:g(x,y)=0$ 上を動くとき,関数 $z=f(x,y)$ が極値をとる点 P $(x_0,y_0,f(x_0,y_0))$ があるとする(この図では極小となる場合を考えている).

曲線 $C:g(x,y)=0$ 上の点 $(x,y)$ を $(dx,dy)$ だけ微小変化させてみ

---

[28] 証明には陰関数定理が使われる.p.74 を参照せよ.

る．$(dx, dy)$ の方向は点 $(x, y)$ での $C$ の接線方向である．そうすると，目的関数 $z = f(x, y)$ もほんの少し $dz$ だけ変化する．$dz$ も微小だから，$dz$ は接平面 $dz = f_x(x, y)\,dx + f_y(x, y)\,dy$ 上を動くと考えてよい．極小となる点 P の前後では $dz$ は負から正に変わるから，点 $(x_0, y_0)$ での曲線 $C$ の接線方向と，$dz$ の値が $0$ で変わらない方向が一致することが必要である．すなわち，接線 $g_x(x_0, y_0)\,dx + g_y(x_0, y_0)\,dy = 0$ と高さ $0$ の等高線 $f_x(x_0, y_0)\,dx + f_y(x_0, y_0)\,dy = 0$ が一致しなければならない（図 1.25 (b) 参照）．そうなるための条件は，2 つのベクトル $\begin{bmatrix} f_x(x_0, y_0) \\ f_y(x_0, y_0) \end{bmatrix}$ と $\begin{bmatrix} g_x(x_0, y_0) \\ g_y(x_0, y_0) \end{bmatrix}$ が平行となること，すなわち，

$$\begin{bmatrix} f_x(x_0, y_0) \\ f_y(x_0, y_0) \end{bmatrix} = \lambda \begin{bmatrix} g_x(x_0, y_0) \\ g_y(x_0, y_0) \end{bmatrix} \tag{1.11}$$

となる定数 $\lambda$ が存在することである．結局，1 条件付き極値問題の定常条件は以下の簡明な事実に基づいていることになる．変数 $X$ と $Y$ が，$XY$ 平面内の直線 $aX + bY = 0$ 上を動くとき，$Z = pX + qY$ の値が常に $0$ であるための条件は，直線 $aX + bY = 0$ と等高線 $pX + qY = 0$ が一致すること，すなわち，$\begin{bmatrix} p \\ q \end{bmatrix} = \lambda \begin{bmatrix} a \\ b \end{bmatrix}$ となる定数 $\lambda$ が存在することである（図 1.26 参照）．

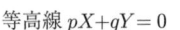

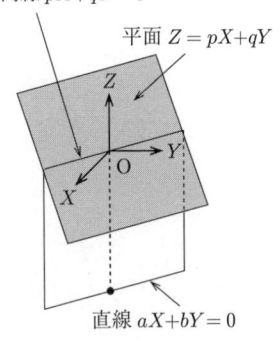

図 1.26　1 条件付き極値問題の定常条件

以上の考察より，曲線 $g(x, y) = 0$ 上での関数 $z = f(x, y)$ が，点 $(x_0, y_0)$ で極値をとるならば，

$$f_x(x_0, y_0) - \lambda g_x(x_0, y_0) = 0, \ \ f_y(x_0, y_0) - \lambda g_y(x_0, y_0) = 0, \ \ g(x_0, y_0) = 0 \tag{1.12}$$

を満たさなければならない．この式は形式上

$$F(x, y, \lambda) = f(x, y) - \lambda g(x, y) \tag{1.13}$$

という 3 変数 $(x, y, \lambda)$ の関数の，条件なしの極値問題の定常条件

$$F_x = f_x - \lambda g_x = 0, \ \ F_y = f_y - \lambda g_y = 0, \ \ F_\lambda = -g = 0$$

と同じである．この $\lambda$ を**ラグランジュ乗数**という．このように変数 $\lambda$ を 1 つ増やすと，$g(x, y) = 0$ から定まる陰関数 $y = \varphi(x)$ を表に出さずに避けることができる．(1.13) の関数を導入して条件付き極値問題を解く方法を**ラグランジュ乗数法**という．(1.12) は定常条件にすぎないから，(1.12) を解いて得られる点で，**実際に極値をとるかどうかはわからない**．当然のことながら，一般には 2 次の部分による極大・極小の判定が必要となる．また，$g(x, y) = 0$ の特異点があるときは，$dx, dy$ の関

係式 $g_x(x,y)\,dx + g_y(x,y)\,dy = 0$ 自体が無意味になるので[29]，ラグランジュ乗数法は無力となる．$g(x,y) = 0$ の特異点でどうなるかは別に調べなければならない．

**例題 1.16.** 平面上の点 $(x,y)$ が半径 1 の円周 $x^2 + y^2 = 1$ 上を動くとき，関数 $f(x,y) = xy + 1$ の最大値と最小値を求めよ[30]．

**解答** まず，制約条件に特異点があるかどうか調べる．$g(x,y) = x^2 + y^2 - 1$ とおくと，$g_x = 2x$, $g_y = 2y$ であるから，$g_x = g_y = 0$ となる点は $(0,0)$ でこれは $x^2 + y^2 = 1$ を満たさない．よって，曲線 $g(x,y) = 0$ の特異点は存在しない．次に
$$F(x, y, \lambda) = xy + 1 - \lambda(x^2 + y^2 - 1)$$
とおき，この 3 変数関数を $x, y, \lambda$ それぞれで偏微分したものを 0 とおくと
$$F_x = y - 2\lambda x = 0, \quad F_y = x - 2\lambda y = 0, \quad F_\lambda = -(x^2 + y^2 - 1) = 0.$$
これらを解いて[31]，極値をとる点の候補 $(x,y) = \left(\pm\dfrac{1}{\sqrt{2}}, \pm\dfrac{1}{\sqrt{2}}\right)$（複号任意）を得る．さらに，$g(x,y) = 0$ は円周であるから有界閉集合であり，その上で連続関数 $f(x,y)$ は最大値と最小値を必ずとる（例題の後の説明を参照せよ）．よって極値をとる候補点における関数の値を計算して，最大のものと最小のものを答えればよい．答えは，$\left(\pm\dfrac{1}{\sqrt{2}}, \pm\dfrac{1}{\sqrt{2}}\right)$（複号同順）で 最大値 $\dfrac{3}{2}$ をとり，$\left(\pm\dfrac{1}{\sqrt{2}}, \mp\dfrac{1}{\sqrt{2}}\right)$（複号同順）で最小値 $\dfrac{1}{2}$ をとる（図 1.27 参照）． □

---

[29] $g_x(x,y) = g_y(x,y) = 0$ ならば，$g_x(x,y)\,dx + g_y(x,y)\,dy = 0$ は $0\,dx + 0\,dy = 0$ となり，この式からは $(dx, dy)$ の微小変化に関する情報が得られなくなる．

[30] p.22 で述べた「同次 2 次関数 $z = ax^2 + 2bxy + cy^2$ の性質」で $a = c = 0$ かつ $b = \dfrac{1}{2}$ とおけば，$\begin{vmatrix} 0 & \dfrac{1}{2} \\ \dfrac{1}{2} & 0 \end{vmatrix} = 0 - \dfrac{1}{4} = -\dfrac{1}{4} < 0$ となるから，$z = xy$ のグラフは，原点を鞍点とする双曲放物面であることがわかる．

[31] 前 2 式を辺々引くと，$(x-y)(1+2\lambda) = 0$ となる．これより $x = y$ または $\lambda = -\dfrac{1}{2}$. $x = y$ のとき，$x^2 + y^2 = 1$ と連立して $(x,y) = \left(\pm\dfrac{1}{\sqrt{2}}, \pm\dfrac{1}{\sqrt{2}}\right)$（複号同順）を得る．$\lambda = -\dfrac{1}{2}$ のときは $x = -y$ となるから，同様にして $(x,y) = \left(\pm\dfrac{1}{\sqrt{2}}, \mp\dfrac{1}{\sqrt{2}}\right)$（複号同順）が得られる．

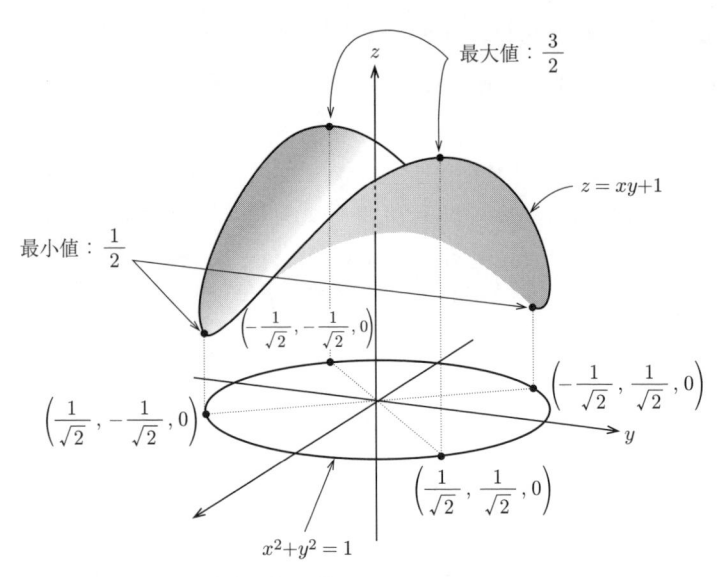

**図 1.27** 円周 $x^2+y^2=1$ 上の連続関数 $z=xy+1$

最大・最小の存在を保証する，次の数学の一般論は大変，有用である：

> **有界閉集合** $A$ 上の連続関数 $f(x,y)$ はこの集合 $A$ に属する点で必ず最大値・最小値をとる．

平面の部分集合 $A$ が**有界**であるというのは，$A$ が長方形で囲めることを表す．たとえば，円板 $\{(x,y); x^2+y^2 \leqq r^2\}$ や円周 $\{(x,y); x^2+y^2=1\}$ は有界であるが，円の外部 $\{(x,y); x^2+y^2 > r^2\}$ や第 1 象限 $\{(x,y); x \geqq 0, y \geqq 0\}$ などは有界集合ではない．また，$A$ が**閉集合**であるとは境界を含む集合のことで，たとえば，円板 $\{(x,y); x^2+y^2 \leqq r^2\}$ や長方形 $\{(x,y); a \leqq x \leqq b, c \leqq y \leqq d\}$，円周 $\{(x,y); x^2+y^2=1\}$ がそうである．それに対して境界を含まない集合 $\{(x,y); x^2+y^2 < r^2\}$ や $\{(x,y); a < x < b, c < y < d\}$ は閉集合ではない．数直線上の有界閉集合の例としては閉区間 $[a,b]$ がある．だから，閉区間 $[a,b]$ 上の連続関数 $f(x)$ は $[a,b]$ において最大値と最小値を必ずとる（図 1.28）[32]．

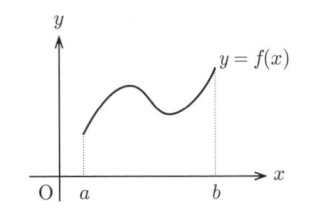

**図 1.28** 閉区間 $[a,b]$ 上の連続関数

例題 1.16 では，最大・最小となる点の候補をみつけた後，円周 $x^2+y^2=1$ は有界閉集合であり，その上での連続関数 $f(x,y)=xy$ は最大値と最小値を必ずとることを利用して結論を得たのである．

**注 1.6.** ラグランジュ乗数法は 3 変数以上の関数に対しても成り立つ．たとえば，$g(x,y,z)=0$ という条件のもとで $w=f(x,y,z)$ が定常と

---

[32] 区間が閉じていることが大事である．開区間 $(a,b)$ では成り立たない．

なる点 $(x_0, y_0, z_0)$ が満たすべき条件は，(1.11) を

$$\begin{bmatrix} f_x(x_0, y_0, z_0) \\ f_y(x_0, y_0, z_0) \\ f_z(x_0, y_0, z_0) \end{bmatrix} = \lambda \begin{bmatrix} g_x(x_0, y_0, z_0) \\ g_y(x_0, y_0, z_0) \\ g_z(x_0, y_0, z_0) \end{bmatrix}$$

で置き換えればよい．したがって

$$F(x, y, z, \lambda) = f(x, y, z) - \lambda g(x, y, z)$$

という 4 変数関数を導入して，この関数が極値をとる条件を考えればよい． □

---
**練習問題**
---

**問題 1.36.** 条件 $x^3 + y^3 = 1$ $(x > 0, y > 0)$ のもとで，$x^2 + y^2$ の最大値を求めよ．

**問題 1.37.** 条件 $x^3 - 3xy + y^3 = 4$ $(x > 0, y > 0)$ を満たす点 $(x, y)$ が，原点から最も離れる点を求めよ．

**問題 1.38.** 条件 $x^2 + 2y^2 = 1$ のもとで，$x^2 + 4xy$ の最大値・最小値を求めよ．

**問題 1.39.** 3 辺の長さが $a, b, c$，面積 $S$ の三角形の内部の 1 点から 3 辺に立てた垂線の長さの積を最大にすることを考える．そのような点を求めよ．

**問題 1.40.** 条件 $x_1 + x_2 + \cdots + x_n = 1$ のもとで，関数 $f(x_1, x_2, \cdots, x_n) = -x_1 \log x_1 - x_2 \log x_2 - \cdots - x_n \log x_n$ を最大にする $(x_1, x_2, \cdots, x_n)$ を求めよ．

# 第 2 章

# 重積分法

## 2.1 二重積分・累次積分

▌ 積分とは足し算である ▌

二重積分
$$\iint_D f(x,y)\,dxdy \tag{2.1}$$
は，1 変数の定積分
$$\int_a^b f(x)\,dx \tag{2.2}$$
に対応する概念である．(2.2) は，大雑把にいえば，$x$ がちょっと $dx$ だけ変化すると，それに比例して $f(x)\,dx$ だけ増える量があるとき，$x$ を $a$ から $b$ までちょっとずつ変化させながら，その微小変化量 $f(x)\,dx$ を足したものである．つまり，$x$ が $dx$ だけ微小変化するときの関数 $f(x)$ の値は一定とみなしているわけで，$f(x)\,dx$ という $dx$ の 1 次微小量の総和を表しているといえる．幾何学的には，縦が $f(x)$，横が $dx$ の細長い長方形の面積を $x$ が $a$ から $b$ までにわたって合計したものである（図 2.1）．

一方，(2.1) についても同様ないい方をすれば，$xy$ 平面内の平面図形 $D$ を細かく分割して小領域に分け，その領域内上の点では関数 $f(x,y)$ の値は一定とみなして，その小領域の微小面積 $dxdy$ と関数値 $f(x,y)$ を掛けあわせた量 $f(x,y)\,dxdy$ を足し算したものである．つまり，$dxdy$ の 1 次微小量の総和を表している．このように，まず，最初に積分に対する共通認識として，

> ─ 積分とは何か ─
> 積分とは 1 次微小量の総和である

ととらえることが大事である．実際，インテグラルの記号 $\int$ は，総和を表す英語の sum の頭文字 s を上下に引き伸ばしたものである（integrate

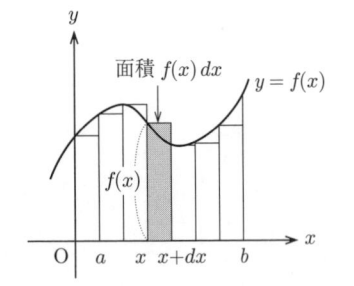

**図 2.1** 1 変数の定積分

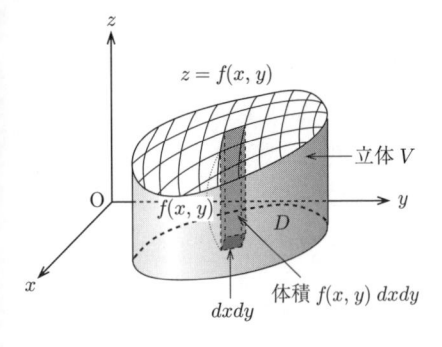

**図 2.2** 二重積分

の意味を英和辞典で調べてみよ).(2.1) は幾何学的には,底面積が $dxdy$ で高さが $f(x,y)$ の細長い柱の体積を領域 $D$ のすべてにわたって合計したものである(図 2.2).以上の説明からもわかるように $dxdy$ は微小面積を表すひとまとまりの記号であり**面積要素**と呼ばれる.微小部分の形は長方形とは限らずどんな形でもよいので,一般に面積要素 $dxdy$ は $dx \times dy$ を表すわけではない.実際,後で学ぶ二重積分の変数変換公式では,面積要素 $dxdy$ が平行四辺形になる.微小部分が長方形のときのみ $dxdy = dx \times dy$ である.以上が二重積分という概念の大雑把な説明である.正確な二重積分の定義については,付録 A.10 を参照せよ.

■ **累次積分(重積分の計算方法)** ■

実際に二重積分を計算するにはどうしたらよいか.これに答えるのが,$x$ と $y$ を順番に積分していく累次積分である.計算方法のアイディアは,立体 $V$ を一斤のパンと見立て,底面を $D$ とする**立体 $V$ を薄く切り,できた一つひとつのパンの体積を求めて,それを寄せ集める**という方法である.一斤のパンの切り方としては 2 通りあって,1 つは $x$ 軸に垂直な平面で切るか,$y$ 軸に垂直な平面で切るかのどちらかである.

今,$x$ 軸に垂直に切る場合(図 2.3 (a))を考えよう.$x_0$ と $x_1$ の間にある $x$ という位置でナイフを入れると,切り口の面積は

$$S(x) = \int_{\varphi_1(x)}^{\varphi_2(x)} f(x,y)\,dy \tag{2.3}$$

のように表せる(図 2.4).右辺の積分範囲は,ナイフを入れる位置 $x$ によって変わってくる,つまり積分の下端と上端はともに $x$ の関数であるから,それぞれを $\varphi_1(x), \varphi_2(x)$ とおいたのである.

そうすると,切られた薄いパンの体積は,断面積 $S(x)$ に厚み $dx$ を掛けて $S(x)\,dx$ と表される.それら($x_0$ と $x_1$ の間にあるもの)を全部寄せ集めれば,一斤のパン $V$ の体積となるから,

$$\int_{x_0}^{x_1} S(x)\,dx$$

が二重積分 $\iint_D f(x,y)\,dxdy$ に等しいはずである.結局,上式に (2.3) を代入して

$$\iint_D f(x,y)\,dxdy = \int_{x_0}^{x_1} \left( \underwave{\int_{\varphi_1(x)}^{\varphi_2(x)} f(x,y)\,dy} \right) dx \tag{2.4}$$

となることがわかった.右辺は,

(i) まず,$x_0 \leqq x \leqq x_1$ の範囲の $x$ を固定したうえで,$f(x,y)$ を $y$ で積分し(～～部分),

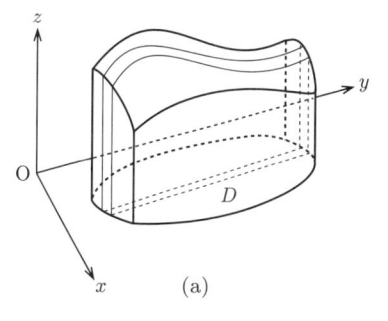

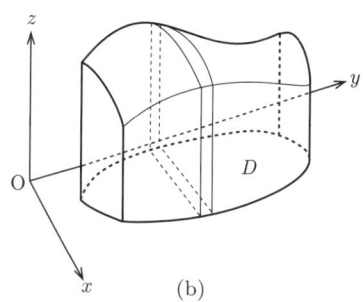

図 2.3 パンの切り方

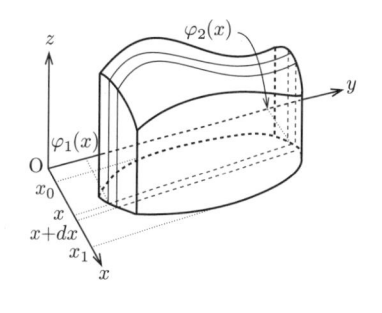

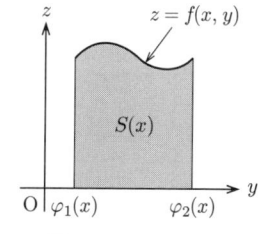

図 2.4 パンの切り口

(ii) その結果は $x$ の関数 $S(x)$ になるから，$S(x)$ を $x$ で積分していることになる．

つまり，1 変数関数の積分を 2 度繰り返せば，二重積分が求まることを意味しており，これを**累次積分**という．(2.4) 式は，

$$\int_{x_0}^{x_1} dx \int_{\varphi_1(x)}^{\varphi_2(x)} f(x,y)\,dy \tag{2.5}$$

のように表現することが多いが，これは，2 つの積分 $\int_{x_0}^{x_1} dx$ と $\int_{\varphi_1(x)}^{\varphi_2(x)} f(x,y)\,dy$ を掛け合わせたものではない[1]．$\int_{\varphi_1(x)}^{\varphi_2(x)} f(x,y)\,dy$ は $x$ の関数 $S(x)$ であり，(2.5) は，これを $x_0$ から $x_1$ まで積分するということを意味する．だから，(2.5) 式は表現としては

$$\int_{x_0}^{x_1} dx\, S(x)$$

のような形式になっている．このような書き方は今まで見たことがないかもしれないが，積分とは $dx\, S(x)$ の寄せ集めなのであるから，別に奇妙な表し方ではない．

上で説明した累次積分は，まず，一斤のパンを $x$ 軸に垂直に切る場合を考えたが，最初に $y$ 軸に垂直に切ってもよく（図 2.5），この場合は

$$\iint_D f(x,y)\,dxdy = \int_{y_0}^{y_1} \left( \int_{\psi_1(y)}^{\psi_2(y)} f(x,y)\,dx \right) dy \tag{2.6}$$

のようになる．今度は，$y$ を固定しておいて最初に $x$ で積分し（～～～部分），その後 $y$ で積分していることになる．(2.6) 式も

$$\int_{y_0}^{y_1} dy \int_{\psi_1(y)}^{\psi_2(y)} f(x,y)\,dx \tag{2.7}$$

のように書くことが多い．

結局，二重積分を計算するには，(2.5) または (2.7) の累次積分を行えばよく，そのためには，(どちらを使うにしろ) $x$ での積分範囲と $y$ での積分範囲がわかればよいわけである．しかし，これを調べるのに，いちいち立体のパンの図を書いていたのでは大変である．曲面を描くことは（コンピュータにやらせるならともかく）実際には難しいのである．そこで，立体の図を描かないで，積分範囲を知ることが望ましいわけである．しかし，上の説明でわかるように，**積分範囲の平面図形 $D$ によっ**

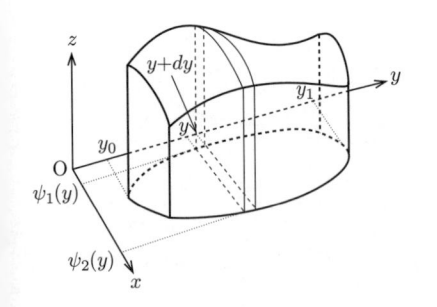

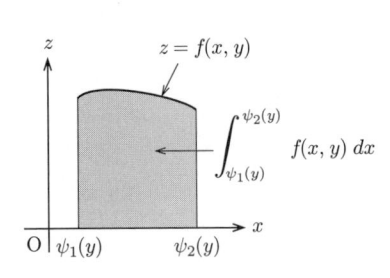

図 2.5 パンを $y$ 軸に垂直に切る

---

[1] $\int_{x_0}^{x_1} dx \times \int_{\varphi_1(x)}^{\varphi_2(x)} f(x,y)\,dy = (x_1 - x_0) \times \int_{\varphi_1(x)}^{\varphi_2(x)} f(x,y)\,dy$ であることに注意する．

て $x, y$ それぞれでの積分範囲が決まるから，$D$ を $xy$ 平面に図示すればよいのである（図 2.6）.

**例題 2.1.** 領域 $D = \{(x,y); 0 \leqq y \leqq 1,\ y \leqq x \leqq 1\}$ に対して次の問いに答えよ．

(1) 領域 $D$ を $xy$ 平面上に図示せよ．

(2) $\iint_D (xy + x^2)\,dxdy$ を 2 通りの累次積分で計算せよ．

**解答** まず，積分範囲の $D$ を $xy$ 平面上に図示する．

（方法 1） 最初に $x \in [0,1]$ を固定すれば，図 2.7 (a) より $y$ の範囲は $0 \leqq y \leqq x$ となるから，

$$\iint_D (xy+x^2)\,dxdy = \int_0^1 dx \int_0^x (xy+x^2)\,dy = \int_0^1 dx \left[\frac{1}{2}xy^2 + x^2 y\right]_{y=0}^{y=x}$$

$$= \int_0^1 dx \underbrace{\left(\frac{1}{2}x^3 + x^3\right)}_{\frac{3}{2}x^3} = \left[\frac{3}{8}x^4\right]_0^1 = \frac{3}{8}.$$

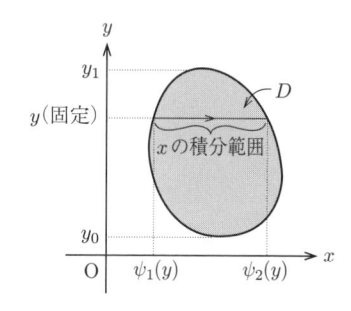

**図 2.6** 積分範囲を平面上に図示する

（方法 2） 最初に $y \in [0,1]$ を固定すると，図 2.7 (b) より $x$ の範囲は固定した $y$ に依存して $y \leqq x \leqq 1$ となる．したがって，

$$\iint_D (xy+x^2)\,dxdy = \int_0^1 dy \int_y^1 (xy+x^2)\,dx = \int_0^1 dy \left[\frac{1}{2}x^2 y + \frac{1}{3}x^3\right]_{x=y}^{x=1}$$

$$= \int_0^1 dy \left(\frac{1}{2}y + \frac{1}{3} \underbrace{- \frac{1}{2}y^3 - \frac{1}{3}y^3}_{-\frac{5}{6}y^3}\right)$$

$$= \left[\frac{1}{4}y^2 + \frac{1}{3}y - \frac{5}{24}y^4\right]_0^1 = \frac{3}{8}. \qquad \square$$

**問 2.1.** 領域 $D = \{(x,y); 0 \leqq x \leqq 1,\ 0 \leqq y \leqq \sqrt{1-x^2}\}$ に対して，以下の各問に答えよ．
(1) 領域 $D$ を $xy$ 平面上に図示せよ．
(2) 二重積分 $\iint_D xy^2\,dxdy$ を計算せよ．

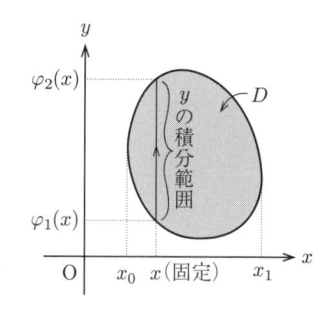

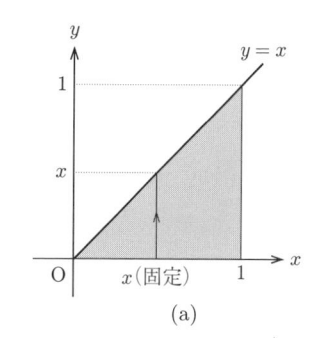

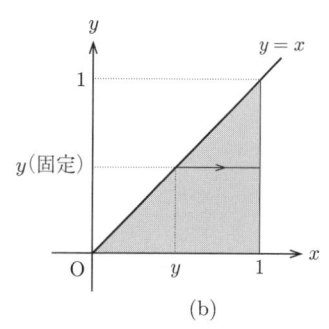

**図 2.7** (a) 最初に $x$ を固定する
(b) 最初に $y$ を固定する

─── 練習問題 ───

**問題 2.1.** 以下の領域 $D$ において，次の二重積分をそれぞれ計算せよ．

(1) $\iint_D \sin(x+y)\,dxdy$，$D$ は $y=0$，$x+y = \dfrac{\pi}{2}$，$x=0$ で囲まれた領域．

(2) $\iint_D x\,dxdy$, $D: x^2 \leqq y \leqq \dfrac{x}{2}$.

(3) $\iint_D y\,dxdy$, $D$ は $y=0$, $x=y$, $x=1$ で囲まれた領域.

## 2.2 累次積分の順序交換

ここでは累次積分の積分順序の交換を行う方法について勉強する．そうすることで，累次積分が容易に計算できたり，計算量を減らすことができるからである．累次積分は二重積分を計算するための方法であるから，まず，**累次積分の順序交換は重積分としてみる**ことが大事である．前節で説明したように，二重積分の1つのイメージは一斤のパンの体積であり，累次積分はそのパンをスライスして1切れ1切れのパンの体積を求めて集めることである．パンの切り方は2通りある．累次積分の順序交換とはその切り方の順番を変えることを意味する．ここで誤りやすいのが，単純に

$$\int_\circ^\times dx \int_\square^\triangle f(x,y)\,dy = \int_\square^\triangle dy \int_\circ^\times f(x,y)\,dx \tag{2.8}$$

と考えてしまうことで，これは**大間違い**である．累次積分は一般に

$$\int_{(数)}^{(数)} dx \int_{(x\text{ の式})}^{(x\text{ の式})} f(x,y)\,dy$$

または

$$\int_{(数)}^{(数)} dy \int_{(y\text{ の式})}^{(y\text{ の式})} f(x,y)\,dx$$

であるから, (2.8) 式は成り立たない．(2.8) 式が成り立つのは, $\circ, \times, \square, \triangle$ がすべて定数，つまり二重積分の積分範囲が長方形領域のときに限る（例題 2.2 で確認せよ）．

実際に積分順序交換をどのようにして計算していくかというと，与えられた積分から $x, y$ の範囲を不等式で表し，それを $xy$ 平面に図示する，つまりパンの底面を描き，それをよく見て，パンの切り方の順番を変えればよい．

**例題 2.2.** 二重積分 $\iint_D x^y\,dxdy$, $D: 0 \leqq x \leqq 1$, $1 \leqq y \leqq 2$ を計算せよ．

**解答** これは積分の順序交換の問題ではないが，2通りの累次積分が

$$\int_0^1 dx \int_1^2 x^y\,dy = \int_1^2 dy \int_0^1 x^y\,dx$$

となる．つまり，
$$\int_0^{\times} dx \int_\square^\triangle f(x,y)\,dy = \int_\square^\triangle dy \int_0^{\times} f(x,y)\,dx$$
が成り立つ．これが成り立つのは，二重積分の範囲が長方形領域のときに限ることを認識せよ．

また，2 通りの累次積分の片方しか計算できない例でもある．実際，最初に $x$ を固定すると，$\int_0^1 dx \int_1^2 x^y\,dy = \int_0^1 dx \left[\dfrac{1}{\log x} x^y\right]_{y=1}^{y=2} = \int_0^1 dx \dfrac{1}{\log x}(x^2 - x)$ となり $x$ 積分が難しくなる（この積分を直接，実行するのは不可能?）．答えは，
$$\int_1^2 dy \int_0^1 x^y\,dx = \int_1^2 dy \left[\dfrac{1}{y+1} x^{y+1}\right]_{x=0}^{x=1}$$
$$= \int_1^2 dy \dfrac{1}{y+1} = [\log(y+1)]_1^2$$
$$= \log 3 - \log 2 = \log \dfrac{3}{2}. \qquad \square$$

**例題 2.3.** 次の累次積分の順序を交換せよ．

(1) $\displaystyle\int_a^b dy \int_y^b f(x,y)\,dx$ （ただし $0 < a < b$ とする）

(2) $\displaystyle\int_{-1}^2 dx \int_{x^2}^{x+2} f(x,y)\,dy$

**解答** (1) $a \leqq y \leqq b, y \leqq x \leqq b$ であるからこれを $xy$ 平面に図示する（図 2.8 (a)）．したがって，
$$\int_a^b dy \int_y^b f(x,y)\,dx = \int_a^b dx \int_a^x f(x,y)\,dy.$$

(2) $-1 \leqq x \leqq 2, x^2 \leqq y \leqq x+2$ である．図 2.8 (b) を見ると最初に固定する変数 $y$ の範囲の場合分け $0 \leqq y \leqq 1, 1 \leqq y \leqq 4$ が必要であることがわかる．答えは
$$\int_0^1 dy \int_{-\sqrt{y}}^{\sqrt{y}} f(x,y)\,dx + \int_1^4 dy \int_{y-2}^{\sqrt{y}} f(x,y)\,dx. \qquad \square$$

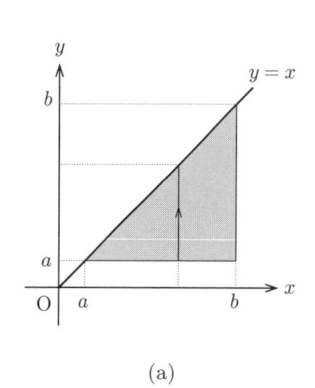

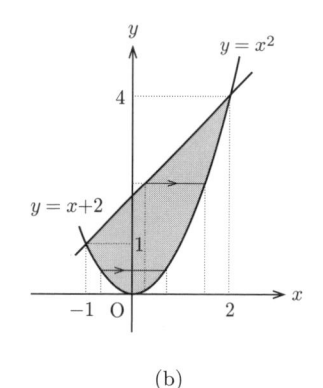

図 2.8

**問 2.2.** 次の累次積分の順序を交換せよ．

(1) $\displaystyle\int_0^1 dx \int_0^{x^2} f(x,y)\,dy$ (2) $\displaystyle\int_0^{\frac{\pi}{4}} dx \int_{\sin x}^{\cos x} f(x,y)\,dy$

---
**練習問題**

**問題 2.2.** 次の累次積分の順序を交換せよ．

(1) $\displaystyle\int_0^1 dx \int_x^1 f(x,y)\,dy$ (2) $\displaystyle\int_0^2 dx \int_x^{2x} f(x,y)\,dy$

**問題 2.3.** 次の累次積分の順序を交換し，値を計算せよ．

(1) $\displaystyle\int_0^1 dy \int_y^1 e^{x^2}\,dx$ (2) $\displaystyle\int_0^\pi y\,dy \int_y^\pi \frac{\sin x}{x}\,dx$

## 2.3　二重積分の変数変換公式

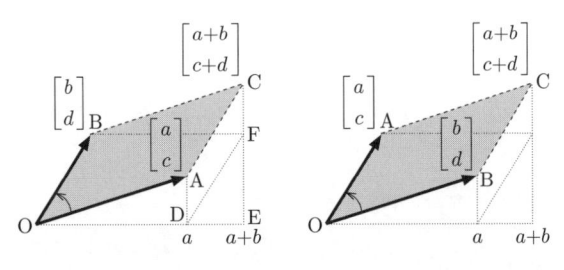

### ■ 2 次の行列式と平行四辺形の面積 ■

2つのベクトル $\begin{bmatrix} a \\ c \end{bmatrix}$ と $\begin{bmatrix} b \\ d \end{bmatrix}$ を 2 辺とする平行四辺形の面積 $S$ は，2つのベクトルを並べてできる行列 $\begin{bmatrix} a & b \\ c & d \end{bmatrix}$ の行列式 $\begin{vmatrix} a & b \\ c & d \end{vmatrix}$ の絶対値 $\left\| \begin{matrix} a & b \\ c & d \end{matrix} \right\| = |ad - bc|$ に等しい．これは図 2.9 より確認できる．左側の図では，

$S = (\square\text{OACB の面積}) = (\square\text{ODFB の面積}) - (\square\text{ADFC の面積})$

$= ad - bc = \begin{vmatrix} a & b \\ c & d \end{vmatrix},$

右側の図では，上の計算で $\begin{bmatrix} a \\ c \end{bmatrix}$ と $\begin{bmatrix} b \\ d \end{bmatrix}$ の役目を逆にすればよいので，

$S = (\square\text{OACB の面積}) = bc - ad = -\begin{vmatrix} a & b \\ c & d \end{vmatrix}$

である．

図 2.9　2つのベクトル $\begin{bmatrix} a \\ c \end{bmatrix}$ と $\begin{bmatrix} b \\ d \end{bmatrix}$ を 2 辺とする平行四辺形の面積

■ ヤコビアン（線形写像のケース）■

変数変換 $x=x(u,v)$, $y=y(u,v)$ は $uv$ 平面上の点 $(u,v)$ から $xy$ 平面上の点 $(x,y)$ への対応

$$\begin{cases} x=x(u,v) \\ y=y(u,v) \end{cases}$$

であり，これを**写像**という．平面上の点から点への対応によって，図形という像が別の図形という像に写されることからこのように呼ばれる．写像は流体力学で流体の運動を考えるときに重要となる概念である．この講義でも二重積分の変数変換公式を理解するのに必要な考え方である（図 2.10）．

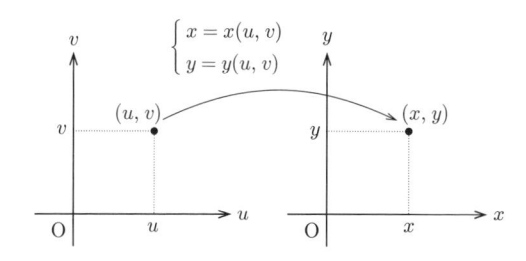

**図 2.10** 写像

正比例関数を基礎にして一般の場合を考えるのは写像の場合も同じである．写像の正比例関数は

$$\begin{cases} x=au+bv \\ y=cu+dv \end{cases} \quad (a,\ b,\ c,\ d \text{ は定数})$$

であり，**線形写像**とも呼ばれる．これは行列の形

$$\begin{bmatrix} x \\ y \end{bmatrix} = \begin{bmatrix} a & b \\ c & d \end{bmatrix} \begin{bmatrix} u \\ v \end{bmatrix}$$

で書くことができる．行列 $\begin{bmatrix} a & b \\ c & d \end{bmatrix}$ は，対応 $\begin{bmatrix} u \\ v \end{bmatrix} \to \begin{bmatrix} x \\ y \end{bmatrix}$ の正比例定数であり，**ヤコビ行列**と呼ばれる（ヤコビ (Jacobi) は発見者の名前）．ヤコビ行列の行列式 $\begin{vmatrix} a & b \\ c & d \end{vmatrix} = ad-bc$ を**ヤコビアン**という．ヤコビアンが 0 でないと仮定すると，2 つのベクトル $\begin{bmatrix} u \\ 0 \end{bmatrix}$ と $\begin{bmatrix} 0 \\ v \end{bmatrix}$ を 2 辺とする

$uv$ 平面上の長方形 $S$ は，

$$\begin{bmatrix} a & b \\ c & d \end{bmatrix} \begin{bmatrix} u \\ 0 \end{bmatrix} = \begin{bmatrix} au \\ cu \end{bmatrix}, \quad \begin{bmatrix} a & b \\ c & d \end{bmatrix} \begin{bmatrix} 0 \\ v \end{bmatrix} = \begin{bmatrix} bv \\ dv \end{bmatrix}$$

より，$\begin{bmatrix} au \\ cu \end{bmatrix}$ と $\begin{bmatrix} bv \\ dv \end{bmatrix}$ を 2 辺とする $xy$ 平面上の平行四辺形 $T$ に写る（図 2.11）．

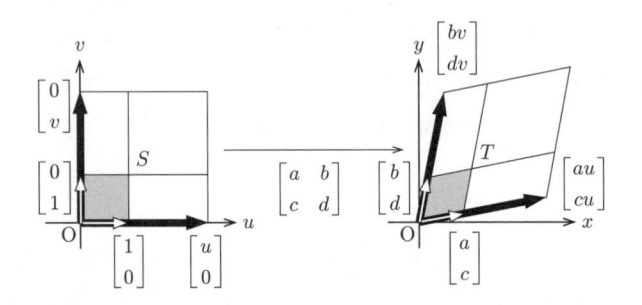

**図 2.11** ヤコビアンが 0 でない線形写像で長方形は平行四辺形に写る

このとき，

$$\frac{(平行四辺形 T の面積)}{(長方形 S の面積)} = \frac{\left\| \begin{matrix} au & bv \\ cu & dv \end{matrix} \right\|}{|uv|} = \frac{|uv| \left\| \begin{matrix} a & b \\ c & d \end{matrix} \right\|}{|uv|} = \left\| \begin{matrix} a & b \\ c & d \end{matrix} \right\|$$

つまり，ヤコビアン $\begin{vmatrix} a & b \\ c & d \end{vmatrix}$ の絶対値 $\left\| \begin{matrix} a & b \\ c & d \end{matrix} \right\|$ は面積拡大率を表す．これは行列式の幾何学的な意味として重要である．

$uv$ 平面内の図形 $A$ が長方形でなくても，$A$ を格子状に分割して長方形の集まりと考えれば，線形写像により写された $xy$ 平面内の図形 $B$ の面積は，

$$(B の面積) = (A の面積) \times \left\| \begin{matrix} a & b \\ c & d \end{matrix} \right\|$$

となる（図 2.12）．

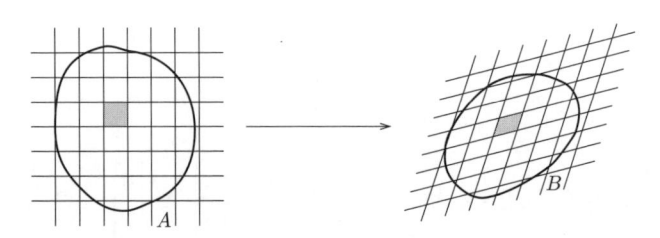

**図 2.12** 線形写像のヤコビアンの絶対値＝面積拡大率

## ヤコビアン（一般の写像のケース）

一般の写像 $\begin{cases} x = x(u,v) \\ y = y(u,v) \end{cases}$ の場合はそれぞれの全微分をとって，

$\begin{cases} dx = \dfrac{\partial x}{\partial u}\, du + \dfrac{\partial x}{\partial v}\, dv \\ dy = \dfrac{\partial y}{\partial u}\, du + \dfrac{\partial y}{\partial v}\, dv \end{cases}$ を行列の形で書けば

$$\begin{bmatrix} dx \\ dy \end{bmatrix} = \begin{bmatrix} \dfrac{\partial x}{\partial u} & \dfrac{\partial x}{\partial v} \\ \dfrac{\partial y}{\partial u} & \dfrac{\partial y}{\partial v} \end{bmatrix} \begin{bmatrix} du \\ dv \end{bmatrix}$$

となるので，$\begin{bmatrix} \dfrac{\partial x}{\partial u} & \dfrac{\partial x}{\partial v} \\ \dfrac{\partial y}{\partial u} & \dfrac{\partial y}{\partial v} \end{bmatrix}$ を**ヤコビ行列**，その行列式 $\begin{vmatrix} \dfrac{\partial x}{\partial u} & \dfrac{\partial x}{\partial v} \\ \dfrac{\partial y}{\partial u} & \dfrac{\partial y}{\partial v} \end{vmatrix}$ を**ヤコビアン**といい，$\dfrac{\partial(x,y)}{\partial(u,v)}$ と表す．$\begin{bmatrix} du \\ 0 \end{bmatrix}, \begin{bmatrix} 0 \\ dv \end{bmatrix}$ を 2 辺とする $(du, dv)$ 平面上の長方形は，

$$\begin{bmatrix} \dfrac{\partial x}{\partial u} & \dfrac{\partial x}{\partial v} \\ \dfrac{\partial y}{\partial u} & \dfrac{\partial y}{\partial v} \end{bmatrix} \begin{bmatrix} du \\ 0 \end{bmatrix} = \begin{bmatrix} \dfrac{\partial x}{\partial u} \\ \dfrac{\partial y}{\partial u} \end{bmatrix} du, \quad \begin{bmatrix} \dfrac{\partial x}{\partial u} & \dfrac{\partial x}{\partial v} \\ \dfrac{\partial y}{\partial u} & \dfrac{\partial y}{\partial v} \end{bmatrix} \begin{bmatrix} 0 \\ dv \end{bmatrix} = \begin{bmatrix} \dfrac{\partial x}{\partial v} \\ \dfrac{\partial y}{\partial v} \end{bmatrix} dv$$

により，**局所的に** $\begin{bmatrix} \dfrac{\partial x}{\partial u} \\ \dfrac{\partial y}{\partial u} \end{bmatrix} du$ と $\begin{bmatrix} \dfrac{\partial x}{\partial v} \\ \dfrac{\partial y}{\partial v} \end{bmatrix} dv$ を 2 辺とする $(dx, dy)$ 平面上の平行四辺形に写る（図 2.13）．このとき，長方形の面積を $dudv$，平行四辺形の面積を $dxdy$ という記号で表すと，その面積比は，ヤコビアンの絶対値である．すなわち，

$$dxdy = \left| \dfrac{\partial(x,y)}{\partial(u,v)} \right| dudv$$

である．

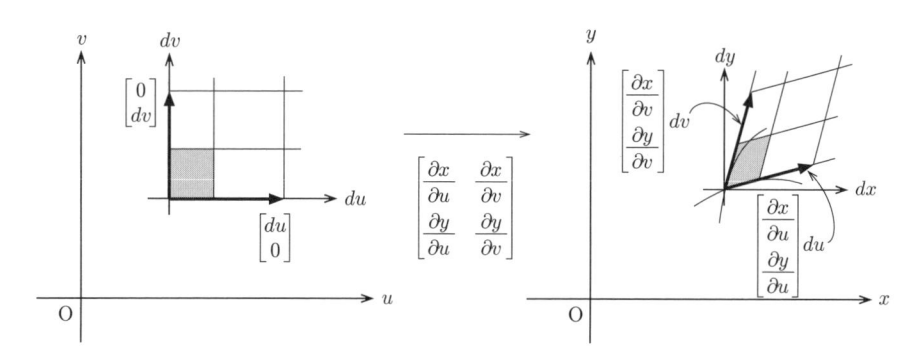

**図 2.13** ヤコビアンが 0 でない一般の写像で局所的に長方形は平行四辺形に写る

**注 2.1.** 微小平行四辺形の面積を $dxdy$ という記号で表すのは，二重積分 $\iint_D f(x,y)\,dxdy$ における約束事である．

$$dx = \frac{\partial x}{\partial u}\,du + \frac{\partial x}{\partial v}\,dv, \quad dy = \frac{\partial y}{\partial u}\,du + \frac{\partial y}{\partial v}\,dv$$

を掛け合わせたもの

$$dx \times dy = \left(\frac{\partial x}{\partial u}\,du + \frac{\partial x}{\partial v}\,dv\right)\left(\frac{\partial y}{\partial u}\,du + \frac{\partial y}{\partial v}\,dv\right)$$

$$= \frac{\partial x}{\partial u}\frac{\partial y}{\partial u}(du)^2 + \frac{\partial x}{\partial u}\frac{\partial y}{\partial v}\,dudv + \frac{\partial x}{\partial v}\frac{\partial y}{\partial u}\,dvdu + \frac{\partial x}{\partial v}\frac{\partial y}{\partial v}(dv)^2$$

は一般に微小平行四辺形の面積と等しくないことに注意する．この掛け算は図 2.14 の右下のような長方形の面積になる．$dudv$ は $(du, dv)$ 平面内の長方形の面積なので $du \times dv$ に一致する． □

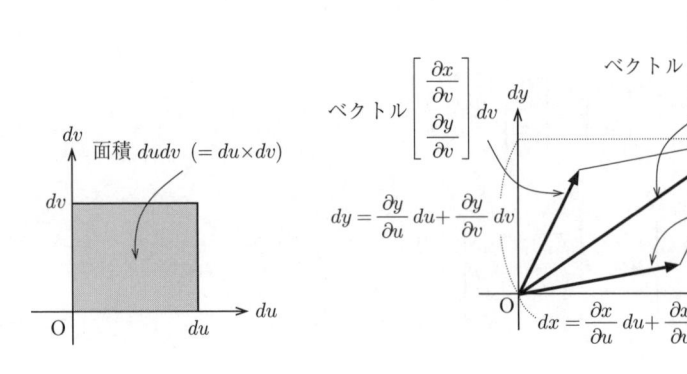

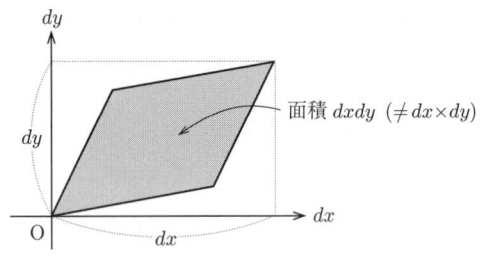

図 2.14 面積要素 $dxdy$ と微小変化量どうしの掛け算 $dx \times dy$ の違い

■ **変数変換公式** ■

二重積分 $\iint_D f(x,y)\,dxdy$ に対して，変数変換 $x = x(u,v)$, $y = y(u,v)$ をして，$u$ と $v$ の二重積分 $\iint_{D'}(\cdots)\,dudv$ のように変形することを考える．変数変換 $x = x(u,v)$, $y = y(u,v)$ によって，$uv$ 平面上の領域 $D'$ が $xy$ 平面上の領域 $D$ に写っているとする（図 2.15）．$(x,y)$ についての二重積分 $\iint_D f(x,y)\,dxdy$ が与えられたとき，

$$\text{ヤコビアンの絶対値 } \left|\frac{\partial(x,y)}{\partial(u,v)}\right| = \text{面積拡大率}$$

に注意すれば次の二重積分の変数変換公式が得られる．

―― 二重積分の変数変換公式 ――

$uv$ 平面内の領域 $D'$ から $xy$ 平面内の領域 $D$ への写像
$\begin{cases} x = x(u,v) \\ y = y(u,v) \end{cases}$ が 1 対 1 であり，$x = x(u,v), y = y(u,v)$ は
ともに $C^1$ 級の関数とする．すべての $(u,v) \in D'$ に対して，ヤコビアン

$$\frac{\partial(x,y)}{\partial(u,v)} = \begin{vmatrix} \dfrac{\partial x}{\partial u} & \dfrac{\partial x}{\partial v} \\ \dfrac{\partial y}{\partial u} & \dfrac{\partial y}{\partial v} \end{vmatrix} \neq 0$$

ならば，

$$\iint_D f(x,y)\,dxdy = \iint_{D'} f(x(u,v), y(u,v)) \left| \frac{\partial(x,y)}{\partial(u,v)} \right| dudv$$

となる．

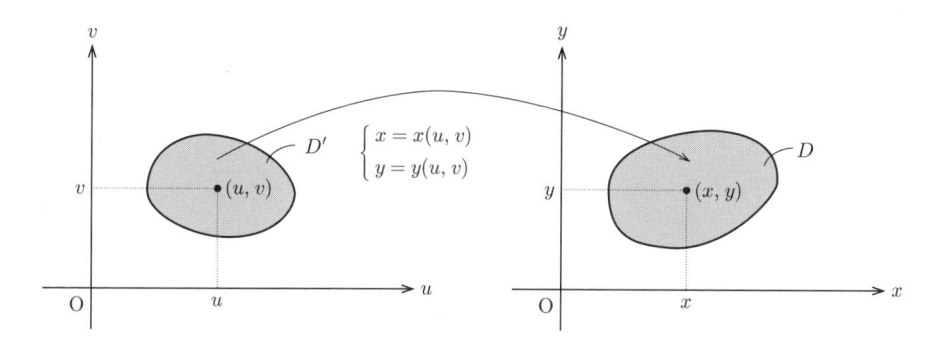

図 2.15 変数変換による領域の対応

**注 2.2.** 2 つの領域 $D$ と $D'$ の対応が 1 対 1 ではない点が存在するときやヤコビアンが 0 になる点が存在する場合があっても，それらの点集合が面積 0 の集合ならば（p.79 を参照）積分の値に影響しないので上記の二重積分の変数変換公式が成り立つ． □

**例題 2.4.** 次の二重積分を $u = x-y, v = x+y$ とおいて計算せよ．
$$\iint_D x\,dxdy, \quad D: 0 \leqq x-y \leqq 1,\ 0 \leqq x+y \leqq 1.$$

**解答** $u = x-y, v = x+y$ より $x = \dfrac{u+v}{2}, y = \dfrac{v-u}{2}$ だから，

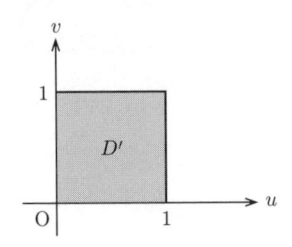

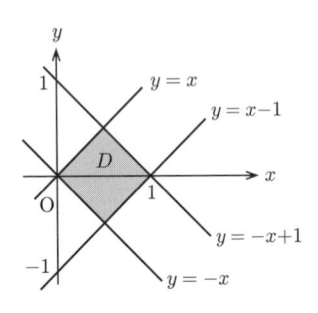

$D': 0 \leq u \leq 1, 0 \leq v \leq 1$. またヤコビアンは

$$\begin{vmatrix} x_u & x_v \\ y_u & y_v \end{vmatrix} = \begin{vmatrix} \frac{1}{2} & \frac{1}{2} \\ -\frac{1}{2} & \frac{1}{2} \end{vmatrix} = \frac{1}{2} > 0$$

より，2つの領域 $D$ と $D'$ は1対1に対応する．

したがって，

$$\iint_D x\,dxdy = \iint_{D'} \frac{u+v}{2} \frac{1}{2}\,dudv = \frac{1}{4} \int_0^1 du \int_0^1 (u+v)\,dv$$
$$= \frac{1}{4} \int_0^1 du \left[uv + \frac{1}{2}v^2\right]_0^1 = \frac{1}{4} \int_0^1 du \left(u + \frac{1}{2}\right)$$
$$= \frac{1}{4} \int_0^1 \left(u + \frac{1}{2}\right) du = \frac{1}{4} \left[\frac{1}{2}u^2 + \frac{1}{2}u\right]_0^1 = \frac{1}{4} \quad \square$$

図 2.16 領域 $D'$ と領域 $D$

**注 2.3.** この例題で $x_u$ を計算するのに，$x = u + y$ を $u$ で偏微分して $x_u = 1$ とするのは間違いである．$x$ は $(u,v)$ の関数であるから，$x$ を $u$ で偏微分するときは $v$ を固定して微分する必要がある．ところが $y$ も $(u,v)$ の関数であるから，$x = u + y$ を $u$ で偏微分するなら，$x_u = 1 + y_u$ としなければならない．同様の理由で $v = x + y$ の両辺を $u$ で偏微分すると $0 = x_u + y_u$ となる．よって，この2式より，$x_u = \frac{1}{2}, y_u = -\frac{1}{2}$ となって，解答と同じ結果を得る．偏微分の計算では固定する変数が何であるかを常に認識することが大事である（p.2, 注 1.1 を参照せよ）． $\square$

**問 2.3.** 次の二重積分を $u = y - x, v = x + y$ とおいて計算せよ．
$$\iint_D x^2\,dxdy, \quad D: 0 \leq y - x \leq 1, 0 \leq x + y \leq 1.$$

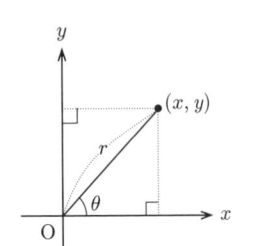

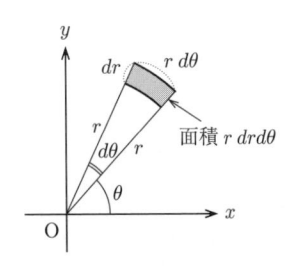

■ **極座標変換**　$x = r\cos\theta,\ y = r\sin\theta$ ■

$r$ は原点と $(x,y)$ との距離であるから常に $r \geq 0$ である．$xy$ 平面 $\{(x,y)\,;\,x,y \in \mathbf{R}\}$ と $r\theta$ 平面 $\{(r,\theta)\,;\,r \geq 0,\ 0 \leq \theta \leq 2\pi\}$ の間の対応は，境界を除いて1対1であり，かつヤコビアンは，

$$\frac{\partial(x,y)}{\partial(r,\theta)} = \begin{vmatrix} \frac{\partial x}{\partial r} & \frac{\partial x}{\partial \theta} \\ \frac{\partial y}{\partial r} & \frac{\partial y}{\partial \theta} \end{vmatrix} = \begin{vmatrix} \cos\theta & -r\sin\theta \\ \sin\theta & r\cos\theta \end{vmatrix} = r\cos^2\theta - (-r\sin^2\theta) = r$$

は $r = 0$ のときを除けば正である．したがって，

$$dxdy = r\,drd\theta$$

図 2.17 極座標変換

となる．これは図 2.17 から直接，求めることもできる．

**例題 2.5.** 極座標変換をして次の二重積分を計算せよ．
$$\iint_D y\,dxdy, \quad D: x^2+y^2 \leqq 1,\ y \geqq 0.$$

**解答** $x=r\cos\theta,\ y=r\sin\theta$ とおくと，$(x,y)$ 平面上の領域 $D$ は，$(r,\theta)$ 平面上では長方形領域
$$D': 0 \leqq r \leqq 1, \quad 0 \leqq \theta \leqq \pi$$
となる．
$\left|\dfrac{\partial(x,y)}{\partial(r,\theta)}\right| = r$ であるから，
$$\iint_D y\,dxdy = \iint_{D'} r\sin\theta\, r\, drd\theta = \int_0^\pi d\theta \int_0^1 r^2 \sin\theta\, dr$$
$$= \int_0^\pi \sin\theta\, d\theta \int_0^1 r^2\, dr = \frac{2}{3}. \qquad \square$$

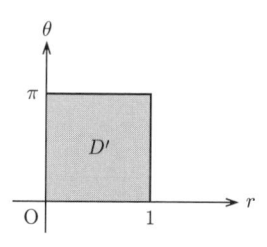

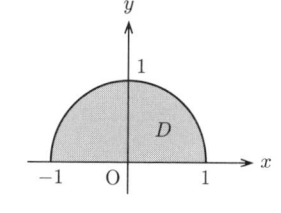

図 2.18 領域 $D'$ と領域 $D$

**問 2.4.** 次の二重積分を計算せよ．
$$\iint_D \sqrt{1-x^2-y^2}\,dxdy, \quad D: x^2+y^2 \leqq 1,\ x \geqq 0,\ y \geqq 0.$$

---
**練習問題**
---

**問題 2.4.** 二重積分
$$\iint_D x\,dxdy, \quad D: x^2+y^2 \leqq a^2,\ y \geqq x$$
を極座標変換して計算せよ．ただし，$a$ は正の定数とする．

**問題 2.5.** 二重積分
$$\iint_D \frac{1}{(x^2+y^2)^2}\,dxdy, \quad D: 1 \leqq x^2+y^2 \leqq 4,\ y \geqq 0$$
を計算せよ．

**問題 2.6.** $I = \displaystyle\int_{-\infty}^{\infty} e^{-x^2} dx$ （$e^{-x^2}$ の原始関数は初等関数では表せないことが知られている）を求めるために
$$I^2 = \left(\int_{-\infty}^\infty e^{-x^2} dx\right)^2 = \int_{-\infty}^\infty e^{-x^2} dx \times \int_{-\infty}^\infty e^{-y^2} dy$$
$$= \iint_{\substack{-\infty<x<\infty\\-\infty<y<\infty}} e^{-(x^2+y^2)}\,dxdy$$
と変形し，極座標変換により右辺の二重積分を計算せよ．

**問題 2.7.** 次の二重積分を求めよ．

(1) $\displaystyle\iint_D x\,dxdy, \quad D: 0 \leqq x-y \leqq 1,\ |x+y| \leqq 1$

(2) $\displaystyle\iint_D \frac{1}{(x+3y)(x-2y)}\,dxdy, \quad D: 1 \leqq x+3y \leqq 5,\ 1 \leqq x-2y \leqq 3$

# 付録 A

# 補足

## A.1 偏微分の順序交換

一般に，極限操作の順序は交換可能ではない．たとえば，$0 < x < 1$ で定義された関数列 $f_n(x) = x^n \ (n = 1, 2, 3, \cdots)$ に対して，

$$\lim_{n\to\infty}\left(\lim_{x\to 1-0} f_n(x)\right) = \lim_{n\to\infty}\left(\lim_{x\to 1-0} x^n\right) = \lim_{n\to\infty} 1 = 1$$

$$\lim_{x\to 1-0}\left(\lim_{n\to\infty} f_n(x)\right) = \lim_{x\to 1-0}\left(\lim_{n\to\infty} x^n\right) = \lim_{x\to 1-0} 0 = 0$$

となって，$\lim_{n\to\infty}\left(\lim_{x\to 1-0} f_n(x)\right) = \lim_{x\to 1-0}\left(\lim_{n\to\infty} f_n(x)\right)$ は成り立たない．極限操作の順序交換を保証する1つの定理として，後に p.69 で述べる定理 A.3 がある．この定理を踏まえたうえで，偏微分の順序交換について考えよう（次の定理において，対称性から条件で $x, y$ の役割を逆にしたものも成り立つ）．

> **定理 A.1.** $f(x,y)$ は点 $(a,b)$ の近くで定義された 2 変数関数とする．点 $(a,b)$ の近くで $f_{xy}(x,y)$ が存在して連続で，かつ $f_y(x,y)$ も $(a,b)$ の近くで存在すれば，$f_{yx}(a,b)$ も存在し，
> 
> $$f_{xy}(a,b) = f_{yx}(a,b)$$
> 
> が成り立つ．特に，$f(x,y)$ が $C^2$ 級ならば，上式が成り立つ．

**説明** 一見，定理の仮定が意味するものがわかりにくいので，まず，$f_{yx}(a,b)$ が存在するものとして，点 $(a,b)$ での 2 つの 2 階偏微分係数 $f_{xy}(a,b)$ と $f_{yx}(a,b)$ を極限の式で書いてみよう．それぞれ，

$$f_{xy}(a,b) = \lim_{k\to 0} \frac{f_x(a,b+k) - f_x(a,b)}{k}$$

$$= \lim_{k\to 0} \frac{1}{k}\left(\lim_{h\to 0} \frac{f(a+h,b+k) - f(a,b+k)}{h} - \frac{f(a+h,b) - f(a,b)}{h}\right),$$

$$f_{yx}(a,b) = \lim_{h \to 0} \frac{f_y(a+h,b) - f_y(a,b)}{h}$$
$$= \lim_{h \to 0} \frac{1}{h} \left( \lim_{k \to 0} \frac{f(a+h,b+k) - f(a+h,b)}{k} - \frac{f(a,b+k) - f(a,b)}{k} \right)$$

となる．ここで，$h \neq 0, k \neq 0$ に対して，

$$G(h,k) = f(a+h, b+k) - f(a+h, b) - f(a, b+k) + f(a,b)$$

とおくと，

$$f_{xy}(a,b) = \lim_{k \to 0} \left( \lim_{h \to 0} \frac{G(h,k)}{hk} \right), \quad f_{yx}(a,b) = \lim_{h \to 0} \left( \lim_{k \to 0} \frac{G(h,k)}{hk} \right)$$

と書けるから，$f_{yx}(a,b)$ が存在して $f_{xy}(a,b) = f_{yx}(a,b)$ が成り立つかどうかは $h \to 0, k \to 0$ という2つの極限の順序交換が可能かどうかという問題に帰着される．まず，$y$-偏導関数 $f_y$ が $(a,b)$ の近くで存在するという仮定より，各 $h \neq 0$ に対して，極限

$$\lim_{k \to 0} \frac{G(h,k)}{hk} = \frac{f_y(a+h,b) - f_y(a,b)}{h}$$

が存在する．さらに，以下で説明するように，点 $(a,b)$ の近くで $f_{xy}(x,y)$ が存在して連続であるという仮定により，$(h,k) \to (0,0)$ としたときの極限

$$\lim_{(h,k) \to (0,0)} \frac{G(h,k)}{hk} =: L \tag{A.1}$$

が存在して $f_{xy}(a,b)$ に等しいことが示される[1]．したがって，定理 A.3 より，$\displaystyle\lim_{h \to 0} \left( \lim_{k \to 0} \frac{G(h,k)}{hk} \right) = f_{yx}(a,b)$ が存在して，

$$f_{xy}(a,b) = f_{yx}(a,b) = L$$

が結論できる．極限 (A.1) の存在は次のようにして証明できる．0 でない任意の実数 $k$ を固定して $F(x) = f(x, b+k) - f(x,b)$ とおくと，$G(h,k) = F(a+h) - F(a)$ と書ける．$F(x)$ は微分可能であるから，平均値の定理より，$0 < \theta < 1$ を満たすある定数 $\theta = \theta(h,k)$ を用いて，

$$G(h,k) = F(a+h) - F(a) = F'(a + \theta h)h$$
$$= \{f_x(a + \theta h, b+k) - f_x(a + \theta h, b)\}h$$

と表せる．ここで，さらに $y$ について微分可能な関数 $f_x(a+\theta h, y)$ に平均値の定理を適用すると，$0 < \varphi < 1$ を満たすある $\varphi = \varphi(h,k)$ により，

$$f_x(a+\theta h, b+k) - f_x(a+\theta h, b) = f_{xy}(a+\theta h, b + \varphi k)k$$

---

[1] 以下，記号 A =: B により，"B を A と定義する" ことを表す．記号 A := B は "A を B と定義する" の意味である．

と書けるから，これを上式に代入すると，
$$G(h,k) = f_{xy}(a+\theta h, b+\varphi k)hk$$
となる．$0 < \theta, \varphi < 1$ より $|\theta h| \leqq |h|$ かつ $|\varphi k| \leqq |k|$ が成り立つので，$(h,k) \to (0,0)$ のとき，$(a+\theta h, b+\varphi k) \to (a,b)$ となる．したがって，$f_{xy}(x,y)$ の点 $(a,b)$ での連続性より，
$$\lim_{(h,k)\to(0,0)} \frac{G(h,k)}{hk} = \lim_{(h,k)\to(0,0)} f_{xy}(a+\theta h, b+\varphi k) = f_{xy}(a,b)$$
となることがわかる． □

$f_{xy} \neq f_{yx}$ となる例を挙げておこう．

**例 A.1.** $z = f(x,y) = \begin{cases} \dfrac{xy(x^2-y^2)}{x^2+y^2} & ((x,y) \neq (0,0) \text{ のとき}) \\ 0 & ((x,y) = (0,0) \text{ のとき}) \end{cases}$

とする．
$(x,y) \neq (0,0)$ のとき，
$$f_x(x,y) = \frac{y(x^4+4x^2y^2-y^4)}{(x^2+y^2)^2}$$
$$f_y(x,y) = \frac{x(x^4-4x^2y^2-y^4)}{(x^2+y^2)^2}$$
であるから，$h,k \neq 0$ に対して，
$$f_x(0,k) = \frac{k(-k^4)}{k^4} = -k, \quad f_y(h,0) = \frac{h \cdot h^4}{h^4} = h$$
となる．一方，$f(x,0) = f(0,y) = 0$ より，
$$f_x(0,0) = \lim_{\Delta x \to 0} \frac{f(0+\Delta x, 0) - f(0,0)}{\Delta x} = \lim_{\Delta x \to 0} \frac{0-0}{\Delta x} = 0$$
$$f_y(0,0) = \lim_{\Delta y \to 0} \frac{f(0, 0+\Delta y) - f(0,0)}{\Delta y} = \lim_{\Delta y \to 0} \frac{0-0}{\Delta y} = 0$$
であるから，
$$f_{xy}(0,0) = \lim_{k \to 0} \frac{f_x(0, 0+k) - f_x(0,0)}{k} = \lim_{k \to 0} \frac{-k}{k} = -1$$
$$f_{yx}(0,0) = \lim_{h \to 0} \frac{f_y(0+h, 0) - f_y(0,0)}{h} = \lim_{h \to 0} \frac{h}{h} = 1$$
となるので，$f_{xy}(0,0) \neq f_{yx}(0,0)$ である． □

## A.2　波動方程式の導出

バイオリンやギターのような両端を固定した弦を考える．弦が静止の状態における弦の位置を $x$ 軸とし，弦の各部分は $x$ 軸を含む平面内で $x$ 軸に垂直な方向にのみ動くものとする．弦上の点の位置座標 $x$ の時刻 $t$ での（垂直）変位を $u(x,t)$ で表す．$t$ を固定したときの関数 $u = u(x,t)$ のグラフは，時刻 $t$ での弦の形状を与える（図 A.1）．

さらに弦の状態を表す定数として，弦は一様な線密度 $\rho$（単位長さあたりの質量）をもち，張力の大きさ $T$ は運動の間どこも一定で[2]，かつ弦の接線方向に働くとする．

われわれは**微小振動**のみを考えることにし，以下，未知関数 $u$ とその偏導関数についての**線形近似**を行う．弦の微小部分 $[x, x+\Delta x]$ に着目する．振動によってこの部分は図 A.1 のように曲線 $MM'$ に変形する．このとき，

$$(\text{時刻 } t \text{ における } MM' \text{ の長さ}) \fallingdotseq \sqrt{1 + \left(\frac{\partial u}{\partial x}(x,t)\right)^2} \Delta x$$

と表されるが，線形近似を考えるから，

$$(\text{微小部分 } MM' \text{ の質量}) \fallingdotseq \rho \Delta x$$

としてよい[3]．

今この微小部分が図 A.2 のような位置関係にあるとして，その左右両端において弦の接線方向が $x$ 軸となす角をそれぞれ $\theta(x,t), \theta(x+\Delta x, t)$ とすると，

$$(MM' \text{ に働く力の } u \text{ 成分}) = T\sin\theta(x+\Delta x, t) - T\sin\theta(x, t)$$

であるが，$\theta$ は微小であるから，

$$\sin\theta \fallingdotseq \theta \fallingdotseq \tan\theta \fallingdotseq \frac{\partial u}{\partial x}$$

なので，$MM'$ に働く力の $u$ 成分は，ほぼ

$$T\frac{\partial u}{\partial x}(x+\Delta x, t) - T\frac{\partial u}{\partial x}(x, t)$$

となる．一方，微小部分 $MM'$ の質量は $\rho\Delta x$ であり，垂直方向の加速度はこの微小部分についてはどこも同じで $\frac{\partial^2 u}{\partial t^2}(x,t)$ と考えてよい．よって，この微小部分に対する Newton の運動方程式は

$$\rho\Delta x \frac{\partial^2 u}{\partial t^2}(x,t) = T\frac{\partial u}{\partial x}(x+\Delta x, t) - T\frac{\partial u}{\partial x}(x, t)$$

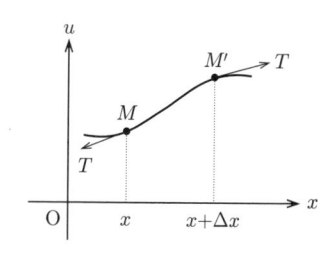

図 A.1　ある瞬間 $t$ での弦の形状

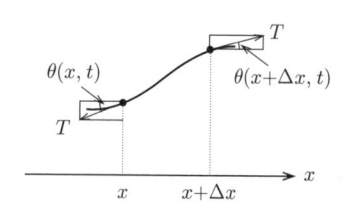

図 A.2　ある瞬間 $t$ での弦の微小部分

---

[2] 弦は左右にはずれず，かつ振動が微小であることから，$T$ の大きさが一定であることがわかる．これを示すには微小部分に働く張力の $x$ 成分がつりあうことと $\theta \fallingdotseq 0$ のとき $\cos\theta \fallingdotseq 1$ であることを使えばよい．

[3] $\varepsilon$ が 0 に近いとき，$\sqrt{1+\varepsilon} \fallingdotseq 1$ としてよいのか $\sqrt{1+\varepsilon} \fallingdotseq 1 + \frac{1}{2}\varepsilon$ としてよいのかは，どのような近似を考えるかということに依存する．

となる．この式の両辺を $\Delta x$ で割り，$\Delta x \to 0$ とすれば，
$$\rho \frac{\partial^2 u}{\partial t^2}(x,t) = T \frac{\partial^2 u}{\partial x^2}(x,t)$$
という偏微分方程式が得られる．これは普通，
$$c := \sqrt{\frac{T}{\rho}} \tag{A.2}$$
という定数を導入して，
$$\frac{\partial^2 u}{\partial t^2}(x,t) = c^2 \frac{\partial^2 u}{\partial x^2}(x,t) \tag{A.3}$$
の形に書かれ，**波動方程式** (wave equation) と呼ばれる．p.17 の練習問題 1.14 の結果からわかるように，この方程式の解は波の伝わる様子を表現しており，$c$ が波形の伝播速度（一定の値）を与える．実際，(A.2) の右辺の次元を調べてみると
$$\sqrt{\frac{[T]}{[\rho]}} = \sqrt{\frac{\mathrm{kg} \cdot \mathrm{m/s^2}}{\mathrm{kg/m}}} = \sqrt{\mathrm{m^2/s^2}} = \mathrm{m/s}$$
となり，速度の次元をもつことがわかる．

## A.3 2変数関数の微分可能性

1変数関数 $y = f(x)$ が $x = x_0$ で**微分可能**であるとは，
$$\lim_{x \to x_0} \frac{f(x) - f(x_0)}{x - x_0} = f'(x_0)$$
が存在することであった．このとき，$\Delta x = x - x_0$ とおくと，曲線 $y = f(x)$ と（$x = x_0$ での）接線 $y = f(x_0) + f'(x_0)(x - x_0)$ との誤差
$$\varepsilon(\Delta x) := f(x) - \{f(x_0) + f'(x_0)(x - x_0)\}$$
は $\Delta x$ の関数であり，$x = x_0$ の近くでは非常に小さいのだが（図 A.3），$\Delta x \to 0$ のとき，$\varepsilon(\Delta x)$ を $\Delta x$ で割ってもなお 0 に近づく，すなわち，
$$\lim_{\Delta x \to 0} \frac{\varepsilon(\Delta x)}{\Delta x} = 0 \tag{A.4}$$
が成り立つ．これが1次近似としての微分の意味である．(A.4) が成り

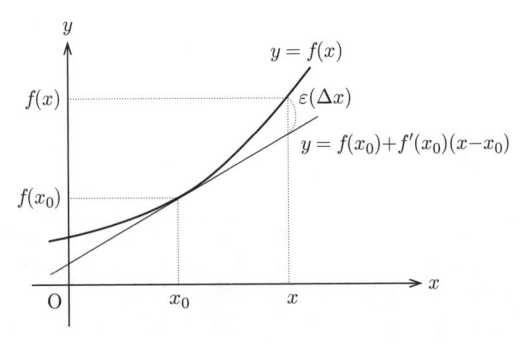

図 **A.3** 1変数関数の1次近似の誤差

立つとき，$\varepsilon(\Delta x)$ を $\Delta x$ より高次の微小量という．

これを踏まえれば，2変数関数の微分可能性は次のように定義するのが自然であろう．すなわち，2変数関数 $z = f(x, y)$ が $(x, y) = (x_0, y_0)$ で**微分可能**（全微分可能）であるとは，$\Delta x := x - x_0 \to 0$ かつ $\Delta y := y - y_0 \to 0$ のとき，曲面 $z = f(x, y)$ と平面 $z = f(x_0, y_0) + A(x - x_0) + B(y - y_0)$ との誤差

$$\varepsilon(\Delta x, \Delta y) := f(x, y) - \{f(x_0, y_0) + A(x - x_0) + B(y - y_0)\} \quad (A.5)$$

は $\Delta x$ と $\Delta y$ の関数であり，これを $\sqrt{(\Delta x)^2 + (\Delta y)^2}$ で割ってもなお 0 に近づくこと，すなわち，

$$\lim_{(\Delta x, \Delta y) \to (0,0)} \frac{\varepsilon(\Delta x, \Delta y)}{\sqrt{(\Delta x)^2 + (\Delta y)^2}} = 0$$

が成り立つことである．このとき，$\varepsilon(\Delta x, \Delta y)$ は $\Delta x$ と $\Delta y$ より高次の微小量という．ここで，特に $\Delta y = 0$，すなわち $y = y_0$ は一定として，$x \to x_0$ とすれば，

$$\lim_{\Delta x \to 0} \left| \frac{\varepsilon(\Delta x, 0)}{\Delta x} \right| = \lim_{\Delta x \to 0} \left| \frac{f(x, y_0) - f(x_0, y_0)}{\Delta x} - A \right| = 0$$

が成り立つから，

$$A = \frac{\partial f}{\partial x}(x_0, y_0)$$

となる．同様に，$x = x_0$ を一定にして $y \to y_0$ とすれば，

$$B = \frac{\partial f}{\partial y}(x_0, y_0)$$

が得られる．よって，

$$f(x_0 + \Delta x, y_0 + \Delta y) - f(x_0, y_0)$$
$$= \frac{\partial f}{\partial x}(x_0, y_0)\Delta x + \frac{\partial f}{\partial y}(x_0, y_0)\Delta y + \varepsilon(\Delta x, \Delta y)$$

と書けることがわかった．

---
**微分可能な関数**

2変数関数 $f(x, y)$ が $(x, y) = (x_0, y_0)$ で微分可能ならば，$x$-偏微分係数 $f_x(x_0, y_0)$，$y$-偏微分係数 $f_y(x_0, y_0)$ がともに存在して，

$f(x_0 + \Delta x, y_0 + \Delta y) - f(x_0, y_0)$
$\quad = f_x(x_0, y_0)\Delta x + f_y(x_0, y_0)\Delta y + (\Delta x と \Delta y より高次の微小量)$

と表せる．

---

この結果を具体的に実感したければ，p.11, 練習問題 1.5 をやってみるとよいだろう．

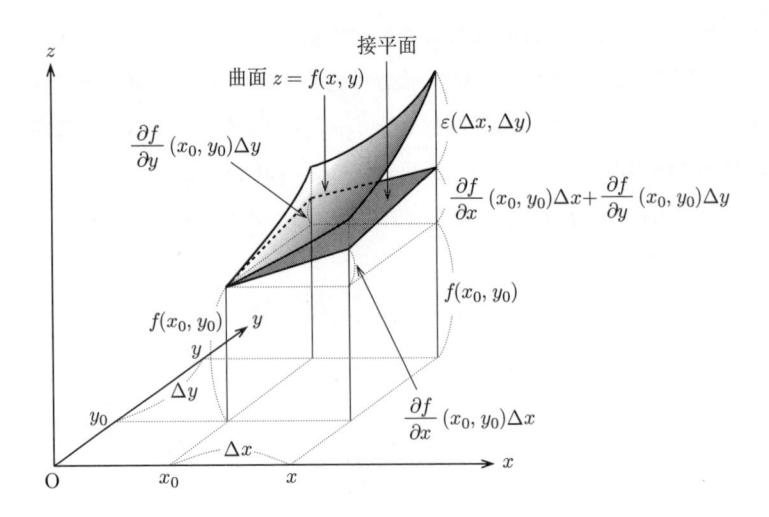

図 **A.4** 2 変数関数の 1 次近似の誤差

以上で 2 変数関数の微分可能性とは何かが明らかになったが，$f(x,y)$ にどんな性質があるとき微分可能となるか，これが手軽に判断できるような十分条件を与えよう．

> **定理 A.2.** （**2 変数関数が微分可能であるための（実用的）十分条件**）$f(x,y)$ が $C^1$ 級ならば，$f(x,y)$ は微分可能である．

**説明** 2 変数 $x, y$ の関数の連続性にしろ微分可能性にしろ，その定義に現れる極限式において，$x, y$ の微小変化量の組 $(\Delta x, \Delta y)$ は $(\Delta x, \Delta y) \to (0, 0)$ とする以外は任意にとってよい．つまり，両者は全方向的な条件である．これに対して 2 変数 $x, y$ の関数の偏微分可能性は $x$ 軸方向，$y$ 軸方向の極限という一方向的な条件であり，これに偏導関数の連続性という全方向的な条件が加われば微分可能性が導かれる，というのがこの定理の意味である．

それでは，定理の証明に入る．$(h, k) \neq (0, 0)$ に対して，

$$\varepsilon(h, k) := f(x_0 + h, y_0 + k) - f(x_0, y_0) - h f_x(x_0, y_0) - k f_y(x_0, y_0) \tag{A.6}$$

が $h$ と $k$ より高次の微小量であることを示す．まず，右辺の最初の 2 項をまとめて，

$$f(x_0 + h, y_0 + k) - f(x_0, y_0)$$
$$= f(x_0 + h, y_0 + k) - f(x_0, y_0 + k) + f(x_0, y_0 + k) - f(x_0, y_0)$$

と変形して，$x$ に関して微分可能な関数 $f(x, y_0 + k)$ および $y$ に関して微分可能な関数 $f(x_0, y)$ に対して平均値の定理を適用すると，ある 2

つの定数 $\theta = \theta(h,k)$, $\varphi = \varphi(k)$ (ともに 0 と 1 の間の数) を用いて,
$$f(x_0+h, y_0+k) - f(x_0, y_0) = f_x(x_0+\theta h, y_0+k)h + f_y(x_0, y_0+\varphi k)k$$
と書ける．これを (A.6) に代入して両辺を $\sqrt{h^2+k^2}$ で割ると，

$$\frac{\varepsilon(h,k)}{\sqrt{h^2+k^2}} = \frac{h}{\sqrt{h^2+k^2}}(f_x(x_0+\theta h, y_0+k) - f_x(x_0, y_0))$$
$$+ \frac{k}{\sqrt{h^2+k^2}}(f_y(x_0, y_0+\varphi k) - f_y(x_0, y_0))$$

となる．$|\theta h| \leq |h|$ かつ $|\varphi k| \leq |k|$ であるから，$(h,k) \to (0,0)$ のとき $(x_0+\theta h, y_0+k) \to (x_0, y_0)$ かつ $(x_0, y_0+\varphi k) \to (x_0, y_0)$ となる．よって，$f_x$ および $f_y$ の連続性より，$\lim_{(h,k) \to (0,0)} f_x(x_0+\theta h, y_0+k) = f_x(x_0, y_0)$ かつ $\lim_{k \to 0} f_y(x_0, y_0+\varphi k) = f_y(x_0, y_0)$ が成り立つ．これらの事実と $\frac{|h|}{\sqrt{h^2+k^2}} \leq 1$, $\frac{|k|}{\sqrt{h^2+k^2}} \leq 1$ であることを考慮すると，$\lim_{(h,k) \to (0,0)} \frac{\varepsilon(h,k)}{\sqrt{h^2+k^2}} = 0$ がいえる． □

## A.4 合成関数の微分可能性

関数を微分するときは，まず，微分できるかどうかを気にしなければならない．本文の合成関数の微分公式の説明ではこのことにまったく触れていないので，ここで述べておこう．$z = f(x, y)$, $x = g(t)$, $y = h(t)$ はいずれも微分可能な関数とする．合成関数 $z = f(x(t), h(t))$ が $t = t_0$ で微分可能であることを示そう．$(x_0, y_0) = (g(t_0), h(t_0))$ とおく．$f(x, y)$ は $(x, y) = (x_0, y_0)$ で微分可能であるから，

$$f(x_0+\Delta x, y_0+\Delta y) - f(x_0, y_0)$$
$$= f_x(x_0, y_0)\Delta x + f_y(x_0, y_0)\Delta y + F(\Delta x, \Delta y)\sqrt{(\Delta x)^2+(\Delta y)^2}$$
(A.7)

と表せて，$\Delta x$ と $\Delta y$ の 2 変数関数 $F(\Delta x, \Delta y)$ は

$$\lim_{(\Delta x, \Delta y) \to (0,0)} F(\Delta x, \Delta y) = 0$$

を満たす．ここで，$F(0,0) = 0$ と定めれば，(A.7) は $(\Delta x, \Delta y) = (0,0)$ のときも成り立つ．

さて，$x = g(t)$, $y = h(t)$ はそれぞれ $t = t_0$ で微分可能であるから，

$$\Delta x := g(t_0+\Delta t) - g(t_0) = g'(t_0)\Delta t + (\Delta t\text{ より高次の微小量})$$
(A.8)

$$\Delta y := h(t_0+\Delta t) - h(t_0) = h'(t_0)\Delta t + (\Delta t\text{ より高次の微小量})$$
(A.9)

と書ける．$\Delta t \to 0$ のとき，$(\Delta x, \Delta y) \to (0,0)$ であるから，$\lim_{\Delta t \to 0} F(\Delta x, \Delta y) = 0$ となり，

$$\lim_{\Delta t \to 0} \left| \frac{F(\Delta x, \Delta y)\sqrt{(\Delta x)^2 + (\Delta y)^2}}{\Delta t} \right|$$
$$= \lim_{\Delta t \to 0} |F(\Delta x, \Delta y)| \sqrt{\left(\frac{\Delta x}{\Delta t}\right)^2 + \left(\frac{\Delta y}{\Delta t}\right)^2}$$
$$= 0 \times \sqrt{(g'(t_0))^2 + (h'(t_0))^2} = 0$$

が成り立つ．これは，(A.7) の右辺第3項が $\Delta t$ より高次の微小量であることを意味する．したがって，(A.8), (A.9) の2式をそれぞれ，(A.7) の右辺第1項，第2項に代入することにより，

$$f(g(t_0 + \Delta t), h(t_0 + \Delta t)) - f(g(t_0), h(t_0))$$
$$= (f_x(x_0, y_0)g'(t_0) + f_y(x_0, y_0)h'(t_0))\Delta t + (\Delta t \text{ より高次の微小量}) \quad (A.10)$$

と表すことができる．よって，$z = f(g(t), h(t))$ は $t = t_0$ で微分可能であり，

$$\frac{d}{dt}f(g(t), h(t))\Big|_{t=t_0} = f_x(x_0, y_0)g'(t_0) + f_y(x_0, y_0)h'(t_0)$$
$$= f_x(g(t_0), h(t_0))g'(t_0) + f_y(g(t_0), h(t_0))h'(t_0)$$

を得る．(A.7) から (A.10) に至る式変形は微小変化量 $\Delta t$ について1次の項とそれより高次の項に分けて整理していること，および (A.10) における $\Delta t$ の係数が合成関数の微分係数であることを認識せよ！本文では，初めから全微分をもち出して独立変数の1次微小変化量だけに注目して微分公式を導いているのである．

## A.5 イプシロン–デルタ ($\varepsilon$-$\delta$) 論法

1変数関数 $y = f(x)$ に対して，$x$ を $a$ に近づけたとき，$f(x)$ が $b$ に近づくとき，式で書けば，

$$\lim_{x \to a} f(x) = b$$

であるが，これを

$$0 < |x - a| < \delta \text{ ならば，} |f(x) - b| < \varepsilon \quad (A.11)$$

と書いてみる．関数 $f$ は，インプット $x$ を入れれば，アウトプット $y$ が出てくる，そういう機能をもつブラック・ボックスとみなせる．

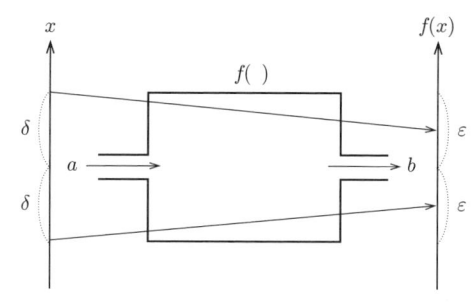

**図 A.5** アウトプットの誤差 $\varepsilon$ に応じてインプットの幅 $\delta$ を決める

今，$a$ をインプットして $b$ をアウトプットさせたいとき，その入出力に誤差が生じることがありうる．そこで，アウトプットの誤差を $\varepsilon$ より小さく抑えようとすれば，インプットの誤差を $\delta$ より小さくしておけばよい，というのが評価式 (A.11) の意味であり，正確に述べると次のようになる．

> 任意の正の数 $\varepsilon$ を与えたとき，この $\varepsilon$ に応じて適当な正の数 $\delta$ を選んで，
> $$0 < |x - a| < \delta \text{ となる } x \text{ に対して，} |f(x) - b| < \varepsilon$$
> が成り立つようにできるとき，この一定値 $b$ を $\boldsymbol{x \to a}$ のときの $\boldsymbol{f(x)}$ の極限値といい，これを
> $$x \to a \text{ のとき，} f(x) \to b, \text{ あるいは } \lim_{x \to a} f(x) = b$$
> と書く．

このように述べるといかにも難しく感じるかもしれないが，上でも述べたように，極限の定義とは近似の誤差の評価式でもあることを認識せよ！　この論法を使った応用例をいくつか紹介しておこう．

---
**連続関数の値の符号に関する性質 —1 変数関数の場合—**

$x_0$ の近くで定義された関数 $y = f(x)$ が $x = x_0$ で連続であるとき，
(1) $f(x_0) > 0$ ならば，$x_0$ に十分近い $x$ に対して $f(x) > 0$ である．
(2) $f(x_0) < 0$ ならば，$x_0$ に十分近い $x$ に対して $f(x) < 0$ である．

---

**説明**　(1) 「$x = x_0$ でつながった」グラフを想像すれば結論は容易に納得されるだろうが，この定理の仮定のように「1 点において」連続であるとき，必ずしもグラフがその点で「つながっている」ことを意味

しない[4]．連続関数の定義には，グラフに対する要求がまったくないことを認識すべきであろう．

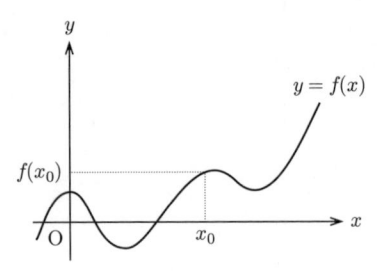

図 A.6 $f(x_0) > 0$ となる連続関数 $y = f(x)$ の $x = x_0$ 付近の様子

では，証明に移ろう．関数 $y = f(x)$ は $x = x_0$ で連続であるから，任意の正の数 $\varepsilon$ を与えたとき，この $\varepsilon$ に応じて適当な正の数 $\delta$ を選んで，

$$|x - x_0| < \delta \text{ となる } x \text{ に対して}, \ |f(x) - f(x_0)| < \varepsilon$$

が成り立つようにできる．$\varepsilon = \dfrac{f(x_0)}{2} \ (> 0)$ の場合に上式から決まる $\delta$ を $\delta_0$ とおくと，

$$|x - x_0| < \delta_0 \Longrightarrow |f(x) - f(x_0)| < \frac{f(x_0)}{2}.$$

すなわち，$|x - x_0| < \delta$ となる $x$ に対して，

$$-\frac{f(x_0)}{2} < f(x) - f(x_0) < \frac{f(x_0)}{2}, \ \therefore \ 0 < \frac{f(x_0)}{2} < f(x) < \frac{3f(x_0)}{2}$$

となり，$|x - x_0| < \delta_0$ となる $x$ に対して $f(x) > 0$ となり，(1) の主張が示された．(2) は，$f$ の代わりに $-f$ を考えれば，(1) に帰着する． □

---
**1 変数関数の極大・極小の判定法**

$x_0$ の近くで $C^1$ 級の関数 $y = f(x)$ が，$f'(x_0) = 0$ を満たし，かつ $f''(x_0)$ が存在するものとする．このとき，

(1) $f''(x_0) > 0$ ならば，関数 $f(x)$ は $x = x_0$ で極小となる．

(2) $f''(x_0) < 0$ ならば，関数 $f(x)$ は $x = x_0$ で極大となる．

---

**証明** (1) $f'(x_0) = 0$ かつ $f''(x_0) > 0$ であるから，

$$\lim_{x \to x_0} \frac{f'(x)}{x - x_0} = \lim_{x \to x_0} \frac{f'(x) - f'(x_0)}{x - x_0} = f''(x_0) > 0$$

である．したがって，十分小さい正の数 $\delta$ をとれば，$|x - x_0| < \delta$ となる $x$ に対して $\dfrac{f'(x)}{x - x_0} > 0$ が成り立つ．したがって，開区間 $(x_0, x_0 + \delta)$

---
[4] たとえば，$f(x) = \begin{cases} x & (x \text{ が有理数のとき}) \\ 0 & (x \text{ が無理数のとき}) \end{cases}$ となる関数を考えると，$x = 0$ で $f(x)$ は連続であるが，この関数のグラフが $x = 0$ で「つながっている」ことを想像するのは困難 (?)．

で $f'(x) > 0$,開区間 $(x_0 - \delta, x_0)$ で $f'(x) < 0$ となる.よって,$f$ は $(x_0 - \delta, x_0]$ で単調減少,$[x_0, x_0 + \delta)$ で単調増加である.これは $f$ が $x = x_0$ で極小となることを示す.(2) は $-f$ を考えれば,(1) に帰着する. □

2 変数関数の極限

$$\lim_{(x,y) \to (a,b)} f(x,y) = A$$

を $\varepsilon$-$\delta$ 式に述べると次のようになる.任意の正の数 $\varepsilon$ を与えたとき,この $\varepsilon$ に応じて適当な正の数 $\delta$ を選んで,$0 < \sqrt{(x-a)^2 + (y-b)^2} < \delta$ となる $(x,y)$ に対して,$|f(x,y) - A| < \varepsilon$ が成り立つようにできる.この定義に基づいて,極限の順序交換に関する次の定理が証明できる.

> **定理 A.3.** 2 変数関数 $G(x,y)$ に対して,極限 $\displaystyle\lim_{(x,y) \to (a,b)} G(x,y) =: A$ が存在するとき,次の (i), (ii) が成り立つ.
> (i) 各 $x$ に対して $\displaystyle\lim_{y \to b} G(x,y)$ が存在するならば,二重極限 $\displaystyle\lim_{x \to a}\left(\lim_{y \to b} G(x,y)\right)$ が存在して $A$ に等しい.
> (ii) 各 $y$ に対して $\displaystyle\lim_{x \to a} G(x,y)$ が存在するならば,二重極限 $\displaystyle\lim_{y \to b}\left(\lim_{x \to a} G(x,y)\right)$ が存在して $A$ に等しい.

**証明** (i) $\displaystyle\lim_{(x,y) \to (a,b)} G(x,y) = A$ より,任意の正の数 $\varepsilon$ を与えたとき,この $\varepsilon$ に応じて適当な正の数 $\delta$ を選ぶと,$0 < \sqrt{(x-a)^2 + (y-b)^2} < \delta$ となる $(x,y)$ に対して,

$$|G(x,y) - A| < \varepsilon$$

が成り立つようにできる.ここで $y \to b$ の極限をとれば,$\displaystyle\lim_{y \to b} G(x,y) =: g(x)$ であるから,$0 < |x - a| \leqq \delta$ を満たす $x$ に対して,

$$|g(x) - A| \leqq \varepsilon$$

が成り立つ.これは,$\displaystyle\lim_{x \to a}\left(\lim_{y \to b} G(x,y)\right) = \lim_{x \to a} g(x)$ が存在して $A$ に等しいことを示す.(ii) の証明も同様である. □

次の 2 変数の連続関数の性質は 1 変数関数の場合と同様にして証明できるので,各自で確かめよ.

> **連続関数の値の符号に関する性質 —2 変数関数の場合—**
>
> $(x_0, y_0)$ の近くで定義された関数 $z = f(x,y)$ が $(x,y) = (x_0, y_0)$ で連続であるとき,
>
> (1) $f(x_0, y_0) > 0$ ならば, $(x_0, y_0)$ に十分近い $(x,y)$ に対して $f(x,y) > 0$ である.
>
> (2) $f(x_0, y_0) < 0$ ならば, $(x_0, y_0)$ に十分近い $(x,y)$ に対して $f(x,y) < 0$ である.

## A.6 テイラーの定理

2 変数関数に対するテイラーの定理は 1 変数関数のテイラーの定理から導くことができる.実用的な形でまとめておこう.

> **定理 A.4.** (テイラーの定理)
>
> (1) 2 変数関数 $f(x,y)$ が $C^1$ 級ならば,
>
> $$f(x_0 + h, y_0 + k) = f(x_0, y_0) + h f_x(x_0 + \theta h, y_0 + \theta k) \\ + k f_y(x_0 + \theta h, y_0 + \theta k)$$
>
> となる $\theta$ $(0 < \theta < 1)$ が存在する.
>
> (2) 2 変数関数 $f(x,y)$ が $C^2$ 級ならば,
>
> $$f(x_0 + h, y_0 + k) = f(x_0, y_0) + h f_x(x_0, y_0) + k f_y(x_0, y_0) \\ + \frac{1}{2}\{h^2 f_{xx}(x_0 + \theta h, y_0 + \theta k) + 2hk f_{xy}(x_0 + \theta h, y_0 + \theta k) \\ + k^2 f_{yy}(x_0 + \theta h, y_0 + \theta k)\}$$
>
> となる $\theta$ $(0 < \theta < 1)$ が存在する.

**証明** $x_0, y_0, h, k$ を固定し,$F(t) = f(x_0 + ht, y_0 + kt)$ とおく.
(1) 定理 A.2 より $f(x,y)$ は微分可能であるから,$F(t)$ は微分可能である.そこで,この $F(t)$ に対して平均値の定理を適用すれば,

$$f(x_0 + h, y_0 + k) - f(x_0, y_0) = F(1) - F(0) = F'(\theta)(1 - 0)$$

を満たす $\theta$ $(0 < \theta < 1)$ が存在する.p.13 の問 1.4 (1) の結果より $F'(\theta) = h f_x(x_0 + \theta h, y_0 + \theta k) + k f_y(x_0 + \theta h, y_0 + \theta k)$ となる.これを上式に代入すれば,所望の結果が得られる.

(2) $F'(t) = h f_x(x_0 + ht, y_0 + kt) + k f_y(x_0 + ht, y_0 + kt)$ であり,かつ $f_x, f_y$ ともに $C^1$ 級であるから,再び,定理 A.2 より,$F'(t)$ は微

分可能である．そこで，$F(t)$ に対しテイラーの定理を適用すれば，
$$f(x_0+h,y_0+k)-f(x_0,y_0)=F(1)-F(0)=F'(0)(1-0)+\frac{1}{2}F''(\theta)$$
を満たす $\theta$ $(0<\theta<1)$ が存在する．p.13 の問 1.4 (2) の結果より $F''(\theta)=\frac{1}{2}\{h^2 f_{xx}(x_0+\theta h,y_0+\theta k)+2hk f_{xy}(x_0+\theta h,y_0+\theta k)+k^2 f_{yy}(x_0+\theta h,y_0+\theta k)\}$ となる．これを上式に代入することにより，所望の結果を得る． □

本文では直観的な説明で済ませた 2 変数関数の極大・極小の判定法（p.21 を参照）はテイラーの定理を用いて証明できるので，ここで示しておこう．

(**2 変数関数の極大・極小の判定法の証明**) $z=f(x,y)$ は $C^2$ 級であるから，テイラーの定理より，

$$\begin{aligned}&f(x_0+h,y_0+k)-f(x_0,y_0)\\&=\frac{1}{2}\{h^2 f_{xx}(x_0+\theta h,y_0+\theta k)+2hk f_{xy}(x_0+\theta h,y_0+\theta k)\\&\qquad\qquad +k^2 f_{yy}(x_0+\theta h,y_0+\theta k)\}\quad \text{(A.12)}\end{aligned}$$

となる $\theta$ $(0<\theta<1)$ が存在する．

(i) $H(x_0,y_0)>0$ かつ $f_{xx}(x_0,y_0)>0$ ならば，点 $(x_0,y_0)$ で関数 $z=f(x,y)$ は極小となることを示そう（他の場合も同様にして証明できる）．$f$ の第 2 次偏導関数の連続性より，$(x_0,y_0)$ に十分近い点 $(x,y)$ で $H(x,y)>0$ かつ $f_{xx}(x,y)>0$ が成り立つ．上式の右辺を変形すると，

$$\frac{1}{2}\left\{f_{xx}\left(h+k\frac{f_{xy}}{f_{xx}}\right)^2+k^2\frac{H}{f_{xx}}\right\}(x_0+\theta h,y_0+\theta k)>0$$

となるから，$(x_0,y_0)$ に十分近い点 $(x,y)$ に対して $f(x,y)>f(x_0,y_0)$ が成り立ち，$(x,y)=(x_0,y_0)$ で関数 $z=f(x,y)$ は極小となる．

(ii) 2 変数関数のテイラーの定理を使うよりも，それを導くもとになった 1 変数関数で議論する．$(h,k)$ を $(0,0)$ に十分近くに固定し，

$$F(t)=f(x_0+ht,y_0+kt)$$

とおくと，$F(t)$ は $C^2$ 級の関数で，

$$F'(0)=f_x(x_0,y_0)h+f_y(x_0,y_0)k=0$$

$$F''(0)=f_{xx}(x_0,y_0)h^2+2f_{xy}(x_0,y_0)hk+f_{yy}(x_0,y_0)k^2\quad \text{(A.13)}$$

となる．$H(x_0,y_0)<0$ ならば，(A.13) の右辺の符号は $h,k$ の値によって正にも負にもなる．したがって，p.68 の「1 変数関数の極大・極小の判定法」より，ある $(h,k)$ については $F''(0)>0$，また別のある $(h,k)$ につ

いては $F''(0) < 0$ が成り立つ．すなわち，点 $(x_0, y_0)$ で，ある方向については極小，ある方向については極大となる．よって，$(x, y) = (x_0, y_0)$ で $z = f(x, y)$ は極値をとらない．  □

## A.7　陰関数定理

陰関数定理とは，2変数関数の等高線 $f(x, y) = c$（$c$ は定数）から $y$ を $x$ の関数として定めることができるか？　さらに，$f(x, y)$ が $C^1$ 級の関数のとき，陰関数も $C^1$ 級となるか？　という問いに対する数学的な解答を与えるものである．本文では，$f(x, y) = c$ の両辺の全微分をとって陰関数の導関数の式を導いているが，このように微分した1次式を変形する背景には陰関数の微分可能性が必要である．$f(x, y) = c$ に対する陰関数定理は $f(x, y)$ の代わりに $f(x, y) - c$ を考えることにより $c = 0$ の場合で考えれば十分であり，次のように述べることができる．

---
**陰関数定理**

関数 $f(x, y)$ は点 $(a, b)$ の近くで定義された $C^1$ 級の関数とし，$f(a, b) = 0$ かつ $f_y(a, b) \neq 0$ とする．このとき，$x = a$ を含む適当な開区間 $I$ と正の数 $\delta$ をとれば，各 $x \in I$ に対して，$f(x, y) = 0$ かつ $|y - b| < \delta$ を満たす $y$ がただ1つ定まる．この $I$ 上の関数 $y = \varphi(x)$ は $C^1$ 級の関数であり，

$$\varphi'(x) = -\frac{f_x(x, \varphi(x))}{f_y(x, \varphi(x))} \tag{A.14}$$

が成り立つ．

---

**説明**　必要ならば $f$ の代わりに $-f$ を考えればよいので，$f_y(a, b) > 0$ としてよい．そうすると，この定理の前半の主張（陰関数がただ1つ存在すること）は，大雑把にいえば，点 $(a, b)$ の近くでは曲面 $z = f(x, y)$ は $y$ 軸方向に向かって「のぼり坂」になっているので，この付近の曲面と平面 $z = 0$ との切り口は1つの曲線になるだろうということである（図 A.7）．

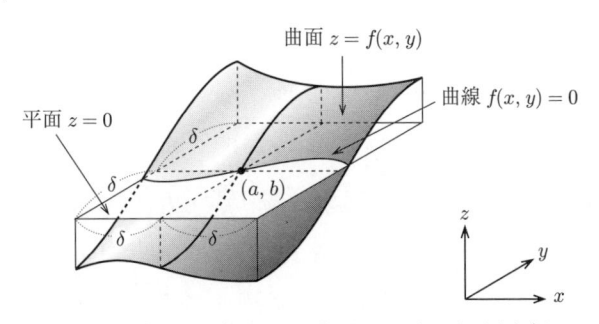

図 **A.7**　点 $(a, b)$ 付近では，曲面 $z = f(x, y)$ は上り坂

以上のことを数学的に正当化すればよい．まず，$f_y(a,b) > 0$ と $y$-偏導関数 $f_y(x,y)$ の連続性から，点 $(a,b)$ に十分近いすべての点 $(x,y)$ で $f_y(x,y) > 0$ が成り立つ，すなわち，$\delta$ を十分小さくとれば，

$(x,y) \in I_\delta := \{(x,y) \,;\, |x-a|, |y-b| \leqq \delta\}$ に対して $f_y(x,y) > 0$ が成り立つようにできる．したがって，$|x-a| \leqq \delta$ となる $x$ を固定したとき，$f(x,y)$ は $|y-b| \leqq \delta$ の範囲で $y$ に関して増加関数になる．特に $f(a,y)$ が $y$ の増加関数であることから，

$$f(a, b-\delta) < f(a,b) = 0 < f(a, b+\delta)$$

が成り立つ．

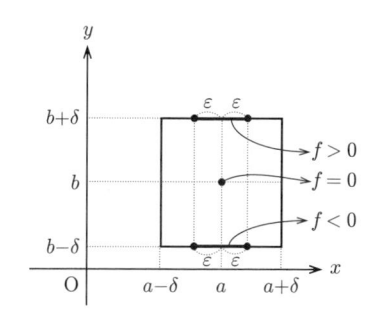

図 **A.8** $(a,b)$ 付近での $f$ の値の正負

1 変数 $x$ の関数 $f(x,b-\delta)$ および $f(x,b+\delta)$ の連続性から，$0 < \varepsilon < \delta$ となる $\varepsilon$ をとって，開区間 $I := (a-\varepsilon, a+\varepsilon)$ 上で

$$f(x, b-\delta) < 0 \text{ かつ } f(x, b+\delta) > 0 \tag{A.15}$$

が成り立つようにできる．各 $x \in I$ に対して，$f(x,y)$ は $y$ の連続関数であり，(A.15) より負の値から正の値に移行する増加関数になるので，中間値の定理より，

$$f(x,y) = 0 \text{ かつ } |y-b| < \delta$$

を満たす $y$ がただ 1 つ存在する．この $y$ を $\varphi(x)$ とおく．

$y = \varphi(x)$ が $I$ 上で微分可能であることを示すために，$x, x+h \in I$ とし，$y = \varphi(x), k = \varphi(x+h) - \varphi(x)$ とおく．$f$ は $C^1$ 級であるから，テイラーの定理より，

$$f(x+h, y+k) = f(x,y) + f_x(x+\theta h, y+\theta k)h + f_y(x+\theta h, y+\theta k)k$$

となる $\theta$ $(0 < \theta < 1)$ が存在する．$f(x+h, y+k) = f(x,y) = 0$ だから，

$$\frac{k}{h} = -\frac{f_x(x+\theta h, y+\theta k)}{f_y(x+\theta h, y+\theta k)}.$$

$I_\delta$ 上で $f_y > 0$ であり，かつ $\dfrac{f_x}{f_y}$ は連続であるから，$I_\delta$ 上で $\left|\dfrac{f_x}{f_y}\right| \leqq M$ を満たす定数 $M$ が存在する．これと上式より $|k| \leqq M|h|$ が成り立つので，$h \to 0$ のとき，$k \to 0$ となる．したがって，$f_x$ および $f_y$ の連続性より，

$$\varphi'(x) = \lim_{h \to 0} \frac{k}{h} = -\frac{f_x(x, \varphi(x))}{f_y(x, \varphi(x))}$$

が成り立つ．$f$ は $C^1$ 級であることから，上式の右辺は連続である．よって，$\varphi(x)$ は $C^1$ 級である． □

**注 A.1.** 陰関数定理において，$\varphi(x)$ が微分可能ということがわかっていれば，陰関数の微分公式 (A.14) は $f(x, \varphi(x)) = 0$ に合成関数の微分法則を適用すればただちに得られる．実際，

$$0 = \frac{d}{dx}f(x, \varphi(x)) = f_x(x, \varphi(x)) + f_y(x, \varphi(x))\varphi'(x),$$

$$\therefore \varphi'(x) = -\frac{f_x(x, \varphi(x))}{f_y(x, \varphi(x))}$$

となる． □

陰関数定理を応用すれば，ラグランジュ乗数法の根拠を証明することができる．

---**ラグランジュ乗数法**---

2つの2変数関数 $z = f(x, y)$, $z = g(x, y)$ はともに $C^1$ 級で，$g_x(x_0, y_0) \neq 0$ または $g_y(x_0, y_0) \neq 0$ を満たすとする．制約条件 $g(x, y) = 0$ のもとで，関数 $z = f(x, y)$ が点 $(x_0, y_0)$ で極値をとるならば，

$$\begin{cases} f_x(x_0, y_0) = \lambda g_x(x_0, y_0) \\ f_y(x_0, y_0) = \lambda g_y(x_0, y_0) \end{cases}$$

を満たす定数 $\lambda$ が存在する．

---

**証明** $g_y(x_0, y_0) \neq 0$ の場合を考えよう．陰関数定理により，$x_0$ の近くで定義された $C^1$ 級の関数 $y = \varphi(x)$ で，

$$\begin{cases} \varphi(x_0) = y_0, \quad g(x, \varphi(x)) = 0 \\ \varphi'(x) = -\dfrac{g_x(x, \varphi(x))}{g_y(x, \varphi(x))} \end{cases}$$

を満たすものが存在する．1変数関数 $f(x, \varphi(x))$ は $x_0$ の近くで $C^1$ 級の関数であり，$x = x_0$ で極値をとるから，

$$0 = \frac{d}{dx}f(x, \varphi(x))\bigg|_{x=x_0} = f_x(x_0, \varphi(x_0)) + f_y(x_0, \varphi(x_0))\varphi'(x_0)$$

$$= f_x(x_0, y_0) - \frac{g_x(x_0, y_0)}{g_y(x_0, y_0)}f_y(x_0, y_0)$$

となる．したがって，$\lambda := \dfrac{f_y(x_0, y_0)}{g_y(x_0, y_0)}$ とおけば，上式とあわせて

$$f_x(x_0, y_0) = \lambda g_x(x_0, y_0), \quad f_y(x_0, y_0) = \lambda g_y(x_0, y_0)$$

が成り立っていることがわかる．$g_x(x_0, y_0) \neq 0$ のときも $x, y$ を入れ替えて考えればまったく同様に示すことができる． □

## A.8 平面の方程式

平面の方程式の一般形は 1 次式 $ax + by + cz = d$ と表される．実際，$ax_0 + by_0 + cz_0 = d$ を満たす点 $(x_0, y_0, z_0)$ をとると，

$$ax + by + cz = d \iff a(x - x_0) + b(y - y_0) + c(z - z_0) = 0$$

$$\iff \begin{bmatrix} x - x_0 \\ y - y_0 \\ z - z_0 \end{bmatrix} \cdot \begin{bmatrix} a \\ b \\ c \end{bmatrix} = 0 \iff \begin{bmatrix} x - x_0 \\ y - y_0 \\ z - z_0 \end{bmatrix} \perp \begin{bmatrix} a \\ b \\ c \end{bmatrix}.$$

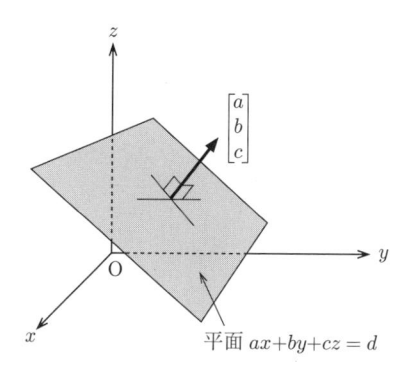

図 **A.9** 平面の方程式 $ax + by + cz = d$

つまり，方程式 $ax + by + cz = d$ は，定点 $(x_0, y_0, z_0)$ から引いた直線が定ベクトル $\begin{bmatrix} a \\ b \\ c \end{bmatrix}$ と直交しているような点 $(x, y, z)$ の集合を表す．

ベクトル $\begin{bmatrix} a \\ b \\ c \end{bmatrix}$ はこの平面の**法線ベクトル**と呼ばれる．特に，1 次関数 $z = ax + by + c$ のグラフの場合は，（上向き）法線ベクトルが $\begin{bmatrix} -a \\ -b \\ 1 \end{bmatrix}$ となる．

---
**平面の方程式**

$ax + by + cz = d$ は $\begin{bmatrix} a \\ b \\ c \end{bmatrix}$ を法線ベクトルとする平面を表す．

---

## A.9 制約条件が2つ以上ある場合のラグランジュ乗数法

ラグランジュ乗数法は制約条件が2つ以上でも使える．たとえば，3つの3変数関数 $f(x,y,z)$, $g(x,y,z)$, $h(x,y,z)$ はいずれも $C^1$ 級の関数であるとして，2つの制約条件

$$g(x,y,z) = 0, \quad h(x,y,z) = 0$$

(ただし，2つのベクトル $\nabla g$, $\nabla h$ は1次独立とする)

のもとで，3変数関数 $w = f(x,y,z)$ の極大・極小を調べるには

$$F(x,y,z,\lambda,\mu) = f(x,y,z) - \lambda g(x,y,z) - \mu h(x,y,z) \quad (A.16)$$

という5変数関数の極値問題を考えればよい．その理由は以下のとおり：

関数の全微分をとって，ベクトル表示する考え方に戻ればよい．

$$d\boldsymbol{x} = \begin{bmatrix} dx \\ dy \\ dz \end{bmatrix}, \nabla f = \begin{bmatrix} f_x \\ f_y \\ f_z \end{bmatrix}, \nabla g = \begin{bmatrix} g_x \\ g_y \\ g_z \end{bmatrix}, \nabla h = \begin{bmatrix} h_x \\ h_y \\ h_z \end{bmatrix}, dw = f_x\,dx +$$

$f_y\,dy + f_z\,dz = \nabla f \cdot d\boldsymbol{x}$ であるから，"$\nabla g \cdot d\boldsymbol{x} = 0$, $\nabla h \cdot d\boldsymbol{x} = 0$ という条件（ただし，$\nabla g$ と $\nabla h$ は1次独立）のもとで，$dw = \nabla f \cdot d\boldsymbol{x}$ が常に 0 になるための条件"になる．これを満たすには

$$\nabla f = \lambda \nabla g + \mu \nabla h \quad (\lambda, \mu \text{ は定数}) \quad (A.17)$$

となることが必要である．その理由は以下のとおり．まず，$\nabla g$ と $\nabla h$ は1次独立であるから，この2つのベクトルは平面をなす（この平面を $\alpha$ と名付ける）．条件 $\nabla g \cdot d\boldsymbol{x} = 0$, $\nabla h \cdot d\boldsymbol{x} = 0$ より，ベクトル $d\boldsymbol{x}$ はこの平面 $\alpha$ に垂直な直線（この直線を $\beta$ とする）上にある．したがって，$\nabla f$ が直線 $\beta$ 上のどんな $d\boldsymbol{x}$ とも直交するためには，$\nabla f$ は平面 $\alpha$ 上にあることが必要である（図 A.10）．つまり，$\nabla f$ は $\nabla g$ と $\nabla h$ の1次結合で書けなければならない．

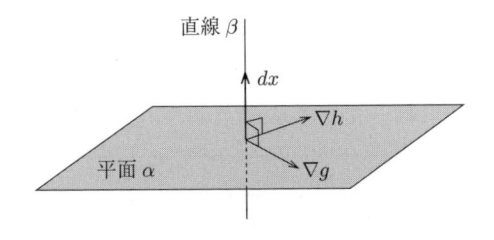

図 A.10　2条件付き極値問題の定常条件

制約条件がさらに増えた場合は，次のようになる．

$n>m$ として，$\boldsymbol{R}^n$ の $m$ 個のベクトル

$$\boldsymbol{a}_1 = \begin{bmatrix} a_{11} \\ a_{21} \\ \vdots \\ a_{n1} \end{bmatrix}, \quad \boldsymbol{a}_2 = \begin{bmatrix} a_{12} \\ a_{22} \\ \vdots \\ a_{n2} \end{bmatrix}, \quad \cdots, \quad \boldsymbol{a}_m = \begin{bmatrix} a_{1m} \\ a_{2m} \\ \vdots \\ a_{nm} \end{bmatrix}$$

が1次独立であると仮定する．$\boldsymbol{R}^n$ の変数ベクトル $\boldsymbol{x} = \begin{bmatrix} x_1 \\ x_2 \\ \vdots \\ x_n \end{bmatrix}$ が

$$\boldsymbol{a}_1 \cdot \boldsymbol{x} = 0, \quad \boldsymbol{a}_2 \cdot \boldsymbol{x} = 0, \quad \cdots, \quad \boldsymbol{a}_m \cdot \boldsymbol{x} = 0$$

という $m$ 個の制約条件を満たすとき，

$$y = \boldsymbol{b} \cdot \boldsymbol{x} = b_1 x_1 + b_2 x_2 + \cdots + b_n x_n$$

が常に0となるための条件は

$$\boldsymbol{b} = \lambda_1 \boldsymbol{a}_1 + \lambda_2 \boldsymbol{a}_2 + \cdots + \lambda_m \boldsymbol{a}_m$$

となる $m$ 個の定数の組 $(\lambda_1, \lambda_2, \cdots, \lambda_m)$ が存在することである．この結果に基づいて，一般の場合を考えると次のようになる．$m$ 個の $n$ 変数関数

$$g_1(x_1, \cdots, x_n), \ g_2(x_1, \cdots, x_n), \ \cdots, \ g_m(x_1, \cdots, x_n)$$

はいずれも $C^1$ 級の関数であるとして，$m$ 個の勾配ベクトル $\nabla g_1, \nabla g_2, \cdots, \nabla g_m$ が1次独立と仮定する．制約条件 $g_1(x_1, \cdots, x_n) = g_2(x_1, \cdots, x_n) = \cdots = g_m(x_1, \cdots, x_n) = 0$ のもとで，$C^1$ 級の関数 $y = f(x_1, \cdots, x_n)$ が極値をとるならば，その点で

$$\nabla f = \lambda_1 \nabla g_1 + \lambda_2 \nabla g_2 + \cdots + \lambda_m \nabla g_m$$

という関係式を満たす $m$ 個の定数の組 $(\lambda_1, \lambda_2, \cdots, \lambda_m)$ が存在する．

## A.10　二重積分の定義と累次積分の順序交換

本文では二重積分とは何かをアバウトにしか説明しなかったので，ここでその定義を述べておこう．

### ■ 積分範囲が長方形の場合 ■

最初は $x, y$ の積分範囲が長方形 $I = \{(x,y); a \leq x \leq b,\ c \leq y \leq d\}$ の場合を考える．これは，1変数関数 $y = f(x)$ のグラフ下の面積を区間 $a \leq x \leq b$ で考えたことを2次元へ一般化するものである．1次元のと

きは，区間を
$$a = x_0 < x_1 < \cdots < x_N = b$$
と微小に分割し，各微小区間における細い長方形の面積の和
$$\sum_{i=1}^{N} f(\xi_i)(x_i - x_{i-1})$$
が，分割を細かくしたときに一定の値に近づくとき，その極限値を
$$\int_a^b f(x)\,dx = \lim \sum_{i=1}^{N} f(\xi_i)(x_i - x_{i-1})$$
と表したのであった．

2次元のときは長方形 $I$ を分割するのに，$x, y$ 軸の区間 $[a,b], [c,d]$ をそれぞれ分割して，
$$a = x_0 < x_1 < \cdots < x_M = b, \quad c = y_0 < y_1 < \cdots < y_N = d$$
とし，各微小長方形区間
$$I_{i,j} := \{(x,y); x_{i-1} \leqq x \leqq x_i,\ y_{j-1} \leqq y \leqq y_j\}$$
$$(i = 1, 2, \cdots, M\ ;\ j = 1, 2, \cdots, N)$$
から勝手に代表点 $(\xi_{ij}, \eta_{ij})$ を選び，底面が $I_{ij}$，高さ $f(\xi_{ij}, \eta_{ij})$ の細い柱の体積の総和
$$\sum_{\substack{1 \leqq i \leqq M \\ 1 \leqq j \leqq N}} f(\xi_{ij}, \eta_{ij})(x_i - x_{i-1})(y_j - y_{j-1}) \tag{A.18}$$
を作る．これは，$f$ のグラフと $xy$ 座標面で囲まれる集合の体積を近似する直方体の体積の和を表す（図 A.11 参照）．

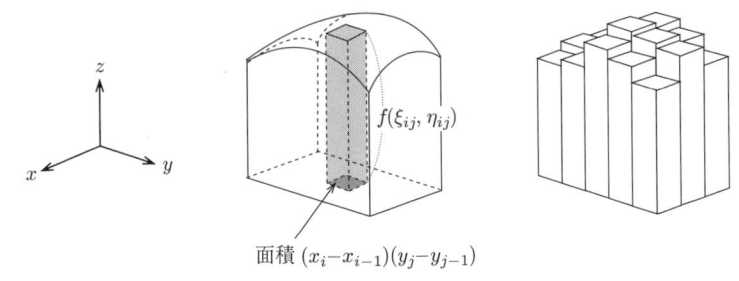

**図 A.11** 長方形分割に対応する細い柱の体積の総和

分割を細かくしたとき，(A.18) が分割のとり方と $f$ の値（高さ）をみる代表点の選び方によらぬ一定値に近づくとき，$f$ は長方形領域 $I$ で**積分可能**といい，その極限値を $f$ の $I$ 上の**二重積分**と呼び，
$$\iint_I f(x,y)\,dxdy \tag{A.19}$$
で表す．問題は，$f(x,y)$ がどのような条件を満たすときにこの極限値が存在するかであるが，次の結果が知られている．

> **定理 A.5.** $f(x,y)$ は長方形 $I$ 上で有界な関数で，面積 0 の部分集合を除いたところで連続なら，二重積分 (A.19) は存在する．

一般に，平面の部分集合 $A$ が **Jordan の意味で面積 0** とは，任意の $\varepsilon > 0$ に対して，有限個の微小長方形 $I_1, I_2, \cdots, I_m$ で

$$A \subset \bigcup_{k=1}^{m} I_k, \quad (I_1, I_2, \cdots, I_m \text{ の面積の総和}) < \varepsilon$$

を満たすものが存在することをいう．たとえば，連続関数 $y = g(x)$ ($a \leq x \leq b$) のグラフ $A = \{(x,y)\,;\, y = g(x),\ a \leq x \leq b\}$ は面積 0 である[5]．

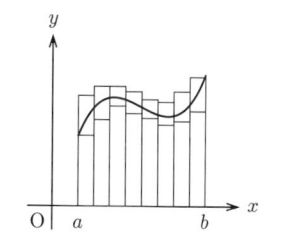

図 A.12 連続関数 $y = g(x)$ ($a \leq x \leq b$) のグラフ

■ 累次積分への変形 ■

長方形 $I$ 上の二重積分が累次積分へ変形できるかどうかに関しては次の結果が成り立つ．

> **定理 A.6.** 長方形 $I = [a,b] \times [c,d]$ 上の有界な関数 $f(x,y)$ が次の条件 (i), (ii) を満たすとする．
> 
> (i) $f(x,y)$ は $I$ 上で二重積分可能である．
> 
> (ii) 各 $y \in [c,d]$ に対して，定積分 $\int_a^b f(x,y)\,dx$ が存在する．
> 
> このとき，$y$ の関数 $\int_a^b f(x,y)\,dx$ は $[c,d]$ 上で積分可能であり，
> 
> $$\iint_I f(x,y)\,dxdy = \int_c^d \left( \int_a^b f(x,y)\,dx \right) dy$$
> 
> が成り立つ．さらに，各 $x \in [a,b]$ に対して，定積分 $\int_c^d f(x,y)\,dy$ も存在すれば，累次積分の順序交換ができる：
> 
> $$\int_c^d \left( \int_a^b f(x,y)\,dx \right) dy = \int_a^b \left( \int_c^d f(x,y)\,dy \right) dx$$

**説明** p.69, 定理 A.3 の積分ヴァージョンである．仮定 (i) により，二重積分 (A.19) が存在するから，$I$ の分割に対する近似和 (A.18) において代表点をどう選んでもよい．そこで，特に

$$\xi_{ij} = \xi_i,\ \eta_{ij} = \eta_j$$

と選んでおく（図 A.13）．

図 A.13 代表点が縦横に並ぶようにとる

このようなとり方をすると，(A.18) において最初に $i$ ($x$ 変数) についての和の極限をとることが可能となる．そこで，(A.18) を

---

[5] この事実は $[a,b]$ 上での連続関数 $y = g(x)$ が積分可能であることと同値である．

$$\sum_{\substack{1\leq i\leq M \\ 1\leq j\leq N}} f(\xi_i,\eta_j)(x_i - x_{i-1})(y_j - y_{j-1})$$
$$= \sum_{j=1}^{N}(y_j - y_{j-1})\sum_{i=1}^{M} f(\xi_i,\eta_j)(x_i - x_{i-1})$$

と変形する．仮定 (ii) により，各 $\eta_j$ $(j=1,2,\cdots,N)$ に対して，$x$ の関数 $f(x,\eta_j)$ は $[a,b]$ 上で積分可能であるから，$x$ 軸の区間 $[a,b]$ の分割を細かくする極限をとれば，

$$\sum_{i=1}^{M} f(\xi_i,\eta_j)(x_i - x_{i-1}) \to \int_a^b f(x,\eta_j)\,dx$$

となる．ここで，

$$F(y) = \int_a^b f(x,y)\,dx$$

という関数を導入すれば，

$$\sum_{j=1}^{N}\left((y_j - y_{j-1})\lim \sum_{i=1}^{M} f(\xi_i,\eta_j)(x_i - x_{i-1})\right) = \sum_{j=1}^{N} F(\eta_j)(y_j - y_{j-1})$$

と表せる．再び，仮定 (i) より，上式において $y$ 軸の区間 $[c,d]$ の分割を細かくしたときの極限が存在して，

$$\int_c^d F(y)\,dy = \int_c^d \left(\int_a^b f(x,y)\,dx\right)dy$$

に等しい．以上をまとめると，細長い柱の体積の総和の極限を計算するのに，まず，$x$ 軸方向に沿って柱の体積を合計して $x$ 軸方向を細かく分割したときの極限を計算し（図 A.14），次いで，得られた厚みの薄いパンの体積の総和の極限を求めたことになる（図 A.15）．

図 **A.14** $\displaystyle\sum_{i=1}^{M} f(\xi_i,\eta_j)(x_i - x_{i-1})$ は $\displaystyle\int_a^b f(x,\eta_j)\,dx$ に近づく．

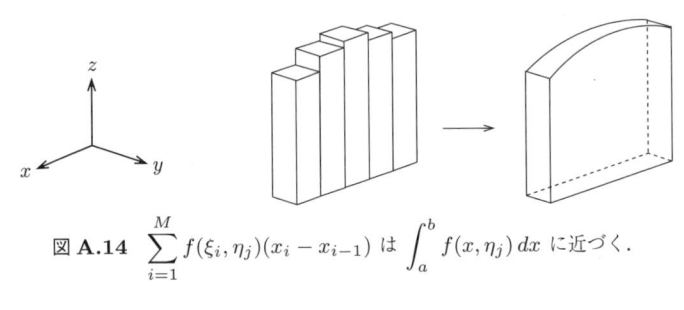

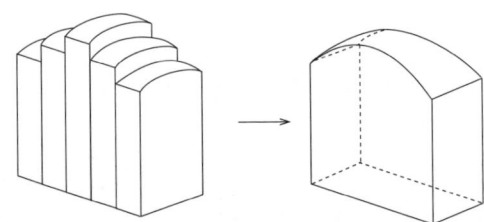

図 **A.15** $\displaystyle\sum_{j=1}^{N} F(\eta_j)(y_j - y_{j-1})$ は $\displaystyle\int_c^d F(y)\,dy$ に近づく．

さらに，各 $x \in [a,b]$ に対して，定積分 $\int_c^d f(x,y)\,dy$ も存在すれば，$x$ と $y$ は対称に考えられるので，
$$\int_c^d \left( \int_a^b f(x,y)\,dx \right) dy = \int_a^b \left( \int_c^d f(x,y)\,dy \right) dx$$
という積分の順序交換が成立することがわかる． □

■ 積分範囲が一般の場合 ■

2 変数関数 $f(x,y)$ の独立変数 $(x,y)$ の定義域は $xy$ 平面の部分集合であるから，二重積分の積分範囲として長方形だけを考えるのでは不十分である．そこで，一般の有界（閉）領域 $D$ での二重積分を次のように定義する．$D$ を含む長方形 $I$ を1つとり，
$$\widetilde{f}(x,y) = \begin{cases} f(x,y), & (x,y) \in D \text{ のとき} \\ 0, & (x,y) \notin D \text{ のとき} \end{cases} \quad (A.20)$$
という関数 $\widetilde{f}$ を導入して
$$\iint_D f(x,y)\,dxdy := \iint_I \widetilde{f}(x,y)\,dxdy \quad (A.21)$$
と定める．注意すべきは，もとの関数 $f(x,y)$ が $D$ 上で連続であっても，拡張された関数 $\widetilde{f}$ は $D$ の境界で不連続になりうることである．しかし，$D$ が，たとえば有限個の滑らかな曲線の一部分で囲まれていれば，$D$ の境界は面積 0 の集合となるから，$\widetilde{f}$ の不連続点の集合も面積 0 である．したがって，定理 A.5 より，二重積分 (A.21) の存在が保証される．

今，2 つの連続関数 $g(y), h(y)$ により，
$$D = \{(x,y)\,;\, g(y) \leq x \leq h(y), c \leq y \leq d\}$$
と表せているとし，$f(x,y)$ は $D$ で連続であると仮定する．$D$ を含む長方形 $I = \{(x,y); a \leq x \leq b, c \leq y \leq d\}$ をとると，上で述べたように，二重積分
$$\iint_D f(x,y)\,dxdy = \iint_I \widetilde{f}(x,y)\,dxdy$$
が存在する．

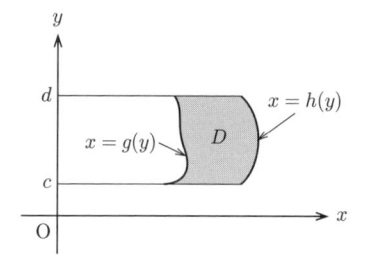

図 **A.16** 領域 $D : g(y) \leq x \leq h(y)$, $c \leq y \leq d$ を含む長方形領域

各 $y \in [c,d]$ を固定したときの $x$ の関数 $\widetilde{f}(x,y)$ は閉区間 $[g(y), h(y)]$ 上で連続であるから，定積分 $\int_{g(y)}^{h(y)} \widetilde{f}(x,y)\,dx$ は存在する．また，$g(y) \leq x \leq h(y)$ の外側では $\widetilde{f}(x,y) = 0$ であるから，結局，各 $y \in [c,d]$ に対して，定積分 $\int_a^b \widetilde{f}(x,y)\,dx$ が存在する．したがって，定理 A.6 より，

累次積分 $\int_c^d dy \int_a^b \widetilde{f}(x,y)\,dx$ が存在して，
$$\iint_I \widetilde{f}(x,y)\,dxdy = \int_c^d dy \int_a^b \widetilde{f}(x,y)\,dx$$
と変形できる．ここで，$\widetilde{f}$ はその定義により，各 $y \in [c,d]$ に対して，$g(y) \leqq x \leqq h(y)$ の外側で 0 であり $g(y) \leqq x \leqq h(y)$ では $\widetilde{f}(x,y) = f(x,y)$ であるから，以上をまとめて
$$\iint_D f(x,y)\,dxdy = \int_c^d dy \int_{g(y)}^{h(y)} f(x,y)\,dx$$
と書き直すことができることがわかった．

同様の考察により，積分範囲の $D$ が，2 つの連続関数 $p(x), q(x)$ を使って，
$$D = \{(x,y)\,;\, a \leqq x \leqq b,\, p(x) \leqq y \leqq q(x)\}$$
のように表せている場合も，$D$ 上の連続関数 $f(x,y)$ に対して，
$$\iint_D f(x,y)\,dxdy = \int_a^b dx \int_{p(x)}^{q(x)} f(x,y)\,dy$$
となることがわかる．結論を標語的にまとめると，次のようになる．

> 2 変数 $x, y$ の連続関数の積分は $x$ から始めても $y$ から始めてもよい．

# 関 連 図 書

[1]　金子晃：数理系のための 基礎と応用 微分積分 I, II （サイエンス社）
[2]　金子晃：偏微分方程式入門（東京大学出版会）
[3]　高木貞治：解析概論（岩波書店）
[4]　荷見守助（編），中井英一・榊原暢久・岡裕和（著）：解析入門（内田老鶴圃）
[5]　宮島静雄：微分積分学 I, II （共立出版）
[6]　森毅：現代の古典解析（ちくま学芸文庫）
[7]　森毅：ベクトル解析（ちくま学芸文庫）

# 問の解答

**問 1.1.** $z = f(x,y)$ 上の点 $P(a,b,c)$ における全微分は $dz = f_x(a,b)\,dx + f_y(a,b)\,dy$ であり，接平面の方程式は $z - c = f_x(a,b)(x-a) + f_y(a,b)(y-b)$ であることに注意すると以下のようになる．

(1) $f_x(x,y) = x$, $f_y(x,y) = 2(y-2)$ であるから $f_x(1,3) = 1$, $f_y(1,3) = 2$. よって，$dz = dx + 2\,dy$, $z - \dfrac{3}{2} = (x-1) + 2(y-3)$.

(2) $f_x(x,y) = \dfrac{\frac{\partial}{\partial x}x \cdot (x^2+y^2) - x \cdot \frac{\partial}{\partial x}(x^2+y^2)}{(x^2+y^2)^2} = \dfrac{-x^2+y^2}{(x^2+y^2)^2}$, $f_y(x,y) = x\dfrac{\partial}{\partial y}(x^2+y^2)^{-1} = -\dfrac{2xy}{(x^2+y^2)^2}$ であるから，$f_x(1,1) = 0$, $f_y(1,1) = -\dfrac{1}{2}$. よって，$dz = -\dfrac{1}{2}dy$, $z - \dfrac{1}{2} = -\dfrac{1}{2}(y-1)$.

(3) 微分公式 $(\arcsin t)' = \dfrac{1}{\sqrt{1-t^2}}$ を利用すると，

$$f_x(x,y) = \dfrac{1}{\sqrt{1-\left(\frac{x}{y}\right)^2}} \cdot \dfrac{\partial}{\partial x}\left(\dfrac{x}{y}\right)$$

$$= \dfrac{1}{\sqrt{1-\left(\frac{x}{y}\right)^2}} \cdot \dfrac{1}{y} = \dfrac{1}{\sqrt{y^2-x^2}} \quad (y > 0),$$

$$f_y(x,y) = \dfrac{1}{\sqrt{1-\left(\frac{x}{y}\right)^2}} \cdot \dfrac{\partial}{\partial y}\left(\dfrac{x}{y}\right)$$

$$= \dfrac{1}{\sqrt{1-\left(\frac{x}{y}\right)^2}} \cdot \left(-\dfrac{x}{y^2}\right)$$

$$= -\dfrac{x}{y\sqrt{y^2-x^2}} \quad (y > 0)$$

となる．これより，$f_x(1,2) = \dfrac{\sqrt{3}}{3}$, $f_y(1,2) = -\dfrac{\sqrt{3}}{6}$ であるから，

$dz = \dfrac{\sqrt{3}}{3}dx - \dfrac{\sqrt{3}}{6}dy$, $z - \dfrac{\pi}{6} = \dfrac{\sqrt{3}}{3}(x-1) - \dfrac{\sqrt{3}}{6}(y-2)$.

**問 1.2.** $\dfrac{dz}{dt} = \dfrac{\partial z}{\partial x}\dfrac{dx}{dt} + \dfrac{\partial z}{\partial y}\dfrac{dy}{dt} = y\cos(xy) \times 2 + x\cos(xy) \times (-2) = 2(y-x)\cos(xy) = 2\{(1-2t) - (1+2t)\}\cos((1+2t)(1-2t)) = -8t\cos(1-4t^2)$

**問 1.3.** $\dfrac{dz}{dt} = \dfrac{\partial z}{\partial x}\dfrac{dx}{dt} + \dfrac{\partial z}{\partial y}\dfrac{dy}{dt}$ を計算して次を得る．
$\dfrac{dz}{dt} = -2\sin 2t\, f_x(\cos 2t, \sin 2t) + 2\cos 2t\, f_y(\cos 2t, \sin 2t)$

**問 1.4.** (1) $\dfrac{dx}{dt} = h$, $\dfrac{dy}{dt} = k$ となるので，
$\dfrac{dz}{dt} = hf_x(x_0+ht, y_0+kt) + kf_y(x_0+ht, y_0+kt)$.

(2) 前問の (1) で得られた結果に，もう一度，合成関数の微分公式を適用すればよい．つまり，

$$\dfrac{d^2z}{dt^2} = \dfrac{d}{dt}\left(\dfrac{dz}{dt}\right)$$

$$= \dfrac{d}{dt}\{hf_x(x_0+ht, y_0+kt) + kf_y(x_0+ht, y_0+kt)\}$$

$$= h\dfrac{d}{dt}f_x(x_0+ht, y_0+kt) + k\dfrac{d}{dt}f_y(x_0+ht, y_0+kt)$$

$$= h\{hf_{xx}(x_0+ht, y_0+kt) + kf_{xy}(x_0+ht, y_0+kt)\}$$
$$+ k\{hf_{yx}(x_0+ht, y_0+kt) + kf_{yy}(x_0+ht, y_0+kt)\}$$

$$= h^2 f_{xx}(x_0+ht, y_0+kt) + 2hk f_{xy}(x_0+ht, y_0+kt)$$
$$+ k^2 f_{yy}(x_0+ht, y_0+kt)$$

($z = f(x,y)$ が $C^2$ 級のとき，$f_{xy} = f_{yx}$ が成り立つことを途中使用した．)

(3) $F(t) = f(x_0+ht, y_0+kt)$ とおくと，(1), (2) の結果より，$F'(0) = hf_x(x_0, y_0) + kf_y(x_0, y_0)$, $F''(0) = h^2 f_{xx}(x_0, y_0) + 2hk f_{xy}(x_0, y_0) + k^2 f_{yy}(x_0, y_0)$ となる．これらを $F(t)$ のマクローリン展開 $F(t) = F(0) + F'(0)t + \dfrac{F''(0)}{2}t^2 + \cdots$ に代入して $t = 1$ とおけばよい．

**問 1.5.**

$$\dfrac{\partial z}{\partial s} = \dfrac{\partial z}{\partial x}\dfrac{\partial x}{\partial s} + \dfrac{\partial z}{\partial y}\dfrac{\partial y}{\partial s} = \dfrac{1}{y} \times t + \left(-\dfrac{x}{y^2}\right) \times 1$$

$$= \dfrac{yt-x}{y^2} = \dfrac{(s+t)t - st}{(s+t)^2} = \dfrac{t^2}{(s+t)^2}$$

$$\dfrac{\partial z}{\partial t} = \dfrac{\partial z}{\partial x}\dfrac{\partial x}{\partial t} + \dfrac{\partial z}{\partial y}\dfrac{\partial y}{\partial t} = \dfrac{1}{y} \times s + \left(-\dfrac{x}{y^2}\right) \times 1$$

$$= \dfrac{ys-x}{y^2} = \dfrac{(s+t)s - st}{(s+t)^2} = \dfrac{s^2}{(s+t)^2}$$

問 **1.6.** (1) $f_x(x,y) = 2x - y + 2 = 0$, $f_y(x,y) = -x + 2y - 1 = 0$ を連立して $x = -1, y = 0$ となる。極値をとる点の候補は $(-1, 0)$ のみである。ヘッシアン $H(-1, 0) = 3 > 0$ より $(-1, 0)$ で極値をとることがわかり、さらに $f_{xx}(-1,0) = 2 > 0$ (or $f_{yy}(-1,0) = 2 > 0$) から極小をとることがわかる。極小値は $f(-1,0) = 6$ である。

(2) $f_x(x,y) = 3x^2 - 3y = 0$, $f_y(x,y) = 3y^2 - 3x = 0$ から $y$ を消去すると、$x^4 - x = x(x^3 - 1) = x(x-1)(x^2 + x + 1) = 0$ となるので、これを解いて、$(0,0), (1,1)$ が極値をとる点の候補である。ヘッシアン $H(0,0) = -9 < 0$ より $(0,0)$ では極値をとらない。ヘッシアン $H(1,1) = 27 > 0$ から $(1,1)$ で極値をとり、さらに $f_{xx}(1,1) = 6 > 0$ (or $f_{yy}(1,1) = 6 > 0$) から極小となることがわかる。極小値は $f(1,1) = -1$ である。

問 **1.7.** (1) $f_y(0,1) = 2y - xe^{xy}|_{(x,y)=(0,1)} = 2 \neq 0$ より、点 $(0,1)$ の近くで陰関数 $y = \varphi(x)$ が存在する。さらに、$\varphi'(0) = -\dfrac{f_x(x,y)}{f_y(x,y)}\bigg|_{(x,y)=(0,1)} = -\dfrac{2x - ye^{xy}}{2y - xe^{xy}}\bigg|_{(x,y)=(0,1)} = \dfrac{1}{2}$ となる。

(2) $f_y\left(1, -\dfrac{3\sqrt{3}}{2}\right) = \dfrac{2}{9}y\bigg|_{(x,y)=\left(1,-\frac{3\sqrt{3}}{2}\right)} = -\dfrac{\sqrt{3}}{3} \neq 0$ より、点 $\left(1, -\dfrac{3\sqrt{3}}{2}\right)$ の近くで陰関数 $y = \varphi(x)$ が存在する。さらに、$\varphi'(1) = -\dfrac{f_x(x,y)}{f_y(x,y)}\bigg|_{(x,y)=\left(1,-\frac{3\sqrt{3}}{2}\right)} = -\dfrac{\frac{x}{2}}{\frac{2y}{9}}\bigg|_{(x,y)=\left(1,-\frac{3\sqrt{3}}{2}\right)} = \dfrac{\sqrt{3}}{2}$ となる。

(3) $f_y(2,0) = \dfrac{2}{9}y\bigg|_{(x,y)=(2,0)} = 0$ かつ $f_x(2,0) = \dfrac{x}{2}\bigg|_{(x,y)=(2,0)} = 1$ であるから、点 $(2,0)$ における曲線 $C$ の傾きは無限大となる。よって、点 $(2,0)$ の近くで陰関数 $y = \varphi(x)$ は存在しない。

(楕円 $\dfrac{x^2}{4} + \dfrac{y^2}{9} = 1$ 上の点 $(2,0)$ における接線の傾きが無限大となるのは明らか。よって、この問題の解答は偏微分を計算するまでもなくわかる。)

問 **1.8.** $dz = f_x(x,y)\,dx + f_y(x,y)\,dy = (3x^2 + y)\,dx + (x + 4y)\,dy$ であるから、点 $(1,1)$ における全微分は $dz = 4\,dx + 5\,dy$ である。よって、点 $(1,1)$ における $(1, \sqrt{3})$ 方向の方向微分係数は $\dfrac{4 \cdot 1 + 5 \cdot \sqrt{3}}{\sqrt{1^2 + (\sqrt{3})^2}} = \dfrac{4 + 5\sqrt{3}}{2}$ である。

問 **1.9.** (1) 曲面の高さが最も減少する方向は

$-\nabla f(a,b) = \begin{bmatrix} -f_x(a,b) \\ -f_y(a,b) \end{bmatrix} = \begin{bmatrix} \dfrac{a}{\sqrt{1-a^2-b^2}} \\ \dfrac{b}{\sqrt{1-a^2-b^2}} \end{bmatrix}$ である。また、この方向への方向微分係数は $-|\nabla f(a,b)| = -\dfrac{\sqrt{a^2+b^2}}{\sqrt{1-a^2-b^2}}$ である。

(2) 勾配ベクトル $\nabla f(a,b)$ に平行な方向は $\begin{bmatrix} a \\ b \end{bmatrix}$ であり、これに直交する方向、すなわち $\nabla f(a,b)$ との内積が $0$ となる方向が求めるものである。よって、答えは $\begin{bmatrix} -b \\ a \end{bmatrix}$ または $\begin{bmatrix} b \\ -a \end{bmatrix}$.

問 **1.10.** (1) $f(x,y) = \dfrac{x^2}{a^2} + \dfrac{y^2}{b^2}$ とおくと、与式 $f(x,y) = 1$ から定まる陰関数 $y = \varphi(x)$ の導関数は次のようになる。$\varphi'(x) = \dfrac{dy}{dx} = -\dfrac{f_x}{f_y} = -\dfrac{\frac{2x}{a^2}}{\frac{2y}{b^2}} = -\dfrac{b^2 x}{a^2 y}$

(2) $f(x,y) =$ 左辺 $-$ 右辺 $= (x-y) - (\arcsin x - \arcsin y)$ とおくと、与式 $f(x,y) = 0$ から定まる陰関数 $y = \varphi(x)$ の導関数は次のようになる。

$$\varphi'(x) = \dfrac{dy}{dx} = -\dfrac{f_x}{f_y} = -\dfrac{1 - \dfrac{1}{\sqrt{1-x^2}}}{-1 + \dfrac{1}{\sqrt{1-y^2}}}$$

$$= \dfrac{(1-\sqrt{1-x^2})\sqrt{1-y^2}}{(1-\sqrt{1-y^2})\sqrt{1-x^2}}$$

問 **2.1.** (1) 下図のとおりである。

(2) 最初に $x \in [0,1]$ を固定して考える。つまり、$x$ を定数と考えて変数 $y$ から積分する。$y$ の積分範囲は $0 \leqq y \leqq \sqrt{1-x^2}$ であるから、

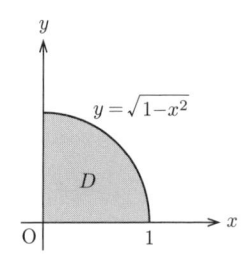

$$\text{与式} = \int_0^1 dx \int_0^{\sqrt{1-x^2}} xy^2\,dy$$

$$= \int_0^1 dx \left[\dfrac{1}{3}xy^3\right]_0^{\sqrt{1-x^2}} = \dfrac{1}{3}\int_0^1 x(1-x^2)^{\frac{3}{2}}\,dx$$

$$= \dfrac{1}{3}\int_0^1 -\dfrac{1}{2}(1-x^2)'(1-x^2)^{\frac{3}{2}}\,dx$$

$$= -\dfrac{1}{6}\left[\dfrac{1}{\frac{3}{2}+1}(1-x^2)^{\frac{3}{2}+1}\right]_0^1 = \dfrac{1}{15}.$$

**問 2.2.** (1) 積分領域は $0 \leq x \leq 1$, $0 \leq y \leq x^2$ であることに注意せよ．累次積分は $y$ から $x$ の順番で行われているので，それを $x$ からにするために，まず $y$ を固定することから始める．（領域の図を書いて考えよ．）すると答えは次のようになる．$\int_0^1 dy \int_{\sqrt{y}}^1 f(x,y)\,dx$

(2) 積分領域は $0 \leq x \leq \dfrac{\pi}{4}$, $\sin x \leq y \leq \cos x$ であることに注意せよ．$x$ から $y$ の順番に変えるため $y$ を固定する．このとき，$y$ の固定する範囲に場合分けが必要となることに注意する．答えは次のようになる．

$\int_0^{\frac{1}{\sqrt{2}}} dy \int_0^{\arcsin y} f(x,y)\,dx + \int_{\frac{1}{\sqrt{2}}}^1 dy \int_0^{\arccos y} f(x,y)\,dx$

**問 2.3.** $u = y-x$, $v = x+y$ とおく．$x = -\dfrac{1}{2}u + \dfrac{1}{2}v$, $y = \dfrac{1}{2}u + \dfrac{1}{2}v$ より，ヤコビアンの絶対値は $\left|\dfrac{\partial(x,y)}{\partial(u,v)}\right| = \dfrac{1}{2}$ である．よって，変数変換公式より，

$$\text{与式} = \int_0^1 du \int_0^1 \left(-\frac{1}{2}u + \frac{1}{2}v\right)^2 \cdot \frac{1}{2}\,dv$$

$$= \frac{1}{8}\int_0^1 du \int_0^1 (u^2 - 2uv + v^2)\,dv$$

$$= \frac{1}{8}\int_0^1 du \left[u^2 v - uv^2 + \frac{1}{3}v^3\right]_0^1$$

$$= \frac{1}{8}\int_0^1 \left(u^2 - u + \frac{1}{3}\right)du = \frac{1}{48}.$$

**問 2.4.** 領域 $D$ は問 2.1 の領域（問 2.1 の図）と同じである．$x = r\cos\theta$, $y = r\sin\theta$ と極座標変換すると，ヤコビアンの絶対値は $\left|\dfrac{\partial(x,y)}{\partial(r,\theta)}\right| = r$ である．よって，変数変換公式より，

$$\text{与式} = \int_0^{\frac{\pi}{2}} d\theta \int_0^1 \sqrt{1-r^2}\cdot r\,dr$$

$$= \frac{\pi}{2}\int_0^1 r\sqrt{1-r^2}\,dr$$

$$= \frac{\pi}{2}\int_0^1 -\frac{1}{2}(1-r^2)'(1-r^2)^{\frac{1}{2}}\,dr$$

$$= -\frac{\pi}{4}\left[\frac{1}{\frac{1}{2}+1}(1-r^2)^{\frac{1}{2}+1}\right]_0^1 = \frac{\pi}{6}.$$

# 練習問題の解答

**問題 1.1.** (1) $\dfrac{\partial f}{\partial x} = 3x^2y^2 + y^3 + 1$

(2) $\dfrac{\partial f}{\partial y} = 2x^3y + 3xy^2$ (3) $\dfrac{\partial^2 f}{\partial y\partial x} = 6x^2y + 3y^2$

(4) $\dfrac{\partial^2 f}{\partial x\partial y} = 6x^2y + 3y^2$ (5) $\dfrac{\partial^2 f}{\partial x^2} = 6xy^2$

(6) $\dfrac{\partial f}{\partial x}(1,2) = 21$

(7) $\dfrac{\partial f}{\partial y}(x_0, y_0) = 2x_0{}^3 y_0 + 3x_0 y_0{}^2$

**問題 1.2.** (1) $\dfrac{\partial f}{\partial x} = \dfrac{1}{2}(x^2+y^2)^{\frac{1}{2}-1} \cdot 2x = \dfrac{x}{\sqrt{x^2+y^2}}$, $\dfrac{\partial f}{\partial y} = \dfrac{1}{2}(x^2+y^2)^{\frac{1}{2}-1} \cdot 2y = \dfrac{y}{\sqrt{x^2+y^2}}$

(2) $\dfrac{\partial f}{\partial x} = y^2 \dfrac{\partial}{\partial x}\left(\sin^2 \dfrac{y}{x}\right) = y^2 \cdot 2\sin\dfrac{y}{x} \cdot \dfrac{\partial}{\partial x}\sin\dfrac{y}{x} = 2y^2 \sin\dfrac{y}{x} \cdot \cos\dfrac{y}{x} \cdot \dfrac{\partial}{\partial x}\dfrac{y}{x}$
$= 2y^2 \sin\dfrac{y}{x}\cos\dfrac{y}{x} \cdot y\dfrac{\partial}{\partial x}(x^{-1}) = 2y^3\sin\dfrac{y}{x}\cos\dfrac{y}{x} \cdot (-x^{-2}) = -\dfrac{2y^3}{x^2}\sin\dfrac{y}{x}\cos\dfrac{y}{x}$

$\dfrac{\partial f}{\partial y} = \left(\dfrac{\partial}{\partial y}y^2\right) \cdot \sin^2\dfrac{y}{x} + y^2 \cdot \dfrac{\partial}{\partial y}\left(\sin^2\dfrac{y}{x}\right) = 2y\sin^2\dfrac{y}{x} + y^2 \cdot 2\sin\dfrac{y}{x} \cdot \dfrac{\partial}{\partial y}\sin\dfrac{y}{x}$
$= 2y\sin^2\dfrac{y}{x} + 2y^2\sin\dfrac{y}{x}\cdot\cos\dfrac{y}{x}\cdot\dfrac{\partial}{\partial y}\dfrac{y}{x} = 2y\sin^2\dfrac{y}{x} + 2y^2\sin\dfrac{y}{x}\cos\dfrac{y}{x}\cdot\dfrac{1}{x} = 2y\sin^2\dfrac{y}{x} + \dfrac{2y^2}{x}\sin\dfrac{y}{x}\cos\dfrac{y}{x}$

**問題 1.3.** (1) $u = u(x,t) = \cos ct \sin x$ において, 場所 $x$ を固定すれば, $u$ の時間変化はコサインカーブ ($\sin x$ を定数 $A$ とみれば $u(x,t) = A\cos ct$ となる) で表される. つまり, 単振動する. さらにその位相 $ct$ は $x$ に依存しない. すなわち, 弦の各点が "そろって" 単振動する. 一方, 時刻 $t$ を固定すれば, その瞬間の弦は両端が固定され ($u(0,t) = \cos ct \sin 0 = 0$, $u(\pi,t) = \cos ct \sin \pi = 0$ が成り立つ), サインカーブ ($\cos ct$ を定数 $B$ とみれば $u(x,t) = B\sin x$ となる) であることがわかる. 以上をまとめて, 答えは「弦の各点は同位相で単振動し, どの瞬間も弦の両端は固定され, 弦の形状はサインカーブとなる.」である.

(2) $\dfrac{\partial u}{\partial t}(x,t)$ は, 弦の左端から $x$ の部分が単振動する (時刻 $t$ における) 速度, $\dfrac{\partial u}{\partial x}(x,t)$ は, ある瞬間 $t$ で場所 $x$ における弦の傾き.

(3) $\dfrac{\partial u}{\partial t} = -c\sin ct \sin x$, $\dfrac{\partial^2 u}{\partial t^2} = -c^2 \cos ct \sin x$, $\dfrac{\partial u}{\partial x} = \cos ct \cos x$, $\dfrac{\partial^2 u}{\partial x^2} = -\cos ct \sin x$ より, 題意の等式が成り立つ.

**問題 1.4.** (1) $\left(\dfrac{\partial z}{\partial x}\right)_y = 2$ (2) $z = x + u$ より $\left(\dfrac{\partial z}{\partial x}\right)_u = 1$ (3) $\left(\dfrac{\partial x}{\partial z}\right)_y = \dfrac{1}{2}$ これらの結果より, $\left(\dfrac{\partial z}{\partial x}\right)_y = \left(\dfrac{\partial z}{\partial x}\right)_u$ は成り立たない. $\left(\dfrac{\partial x}{\partial z}\right)_y = \dfrac{1}{\left(\dfrac{\partial z}{\partial x}\right)_y}$ は成り立つ. $\left(\dfrac{\partial x}{\partial z}\right)_y = \dfrac{1}{\left(\dfrac{\partial z}{\partial x}\right)_u}$ は成り立たない.

**問題 1.5.** (1) $\Delta z = (2xy+1)\Delta x + x^2 \Delta y + 2x\Delta x \Delta y + (\Delta x)^2 y + (\Delta x)^2(\Delta y)$ より, $dz = (2xy+1)\,dx + x^2\,dy$ を得る. (2) 全微分の式 $dz = (2xy+1)\,dx + x^2\,dy$ に $(x,y) = (1,2)$, $dx = 0.01$, $dy = 0.02$ を代入すると, $dz = 0.07$ となる (真の値は, $(1.01)^2 \times 2.02 + 1.01 - (1^2 \times 2 + 1) = 0.070602$ である).

**問題 1.6.** $z$ は定数だから, 偏微分を考えるまでもなく $dz = 0$ である.

**問題 1.7.** 縦を $dx$, 横を $dy$ だけ伸ばしたときに増える面積を計算すると, $(x+dx)(y+dy) - xy = y\,dx + x\,dy + (dx)(dy)$. $dx$ と $dy$ について 2 次以上の項を無視すれば, $dz = y\,dx + x\,dy$ となる.

**問題 1.8.** (1) $V$ は円柱の体積であるから, $V = \pi r^2 h$ である. これより $V$ の全微分は $dV = \dfrac{\partial V}{\partial r}dr + \dfrac{\partial V}{\partial h}dh = 2\pi rh\,dr + \pi r^2 dh$ となる.

(2) $V =$ 一定だから $dV = 0$. これと $dh = -\dfrac{1}{1000}h$ を (1) で求めた全微分の式に代入すると, $0 = 2\pi rh\,dr + \pi r^2 \cdot \left(-\dfrac{1}{1000}h\right)$, $0 = 2\,dr - \dfrac{r}{1000}$, $\therefore dr = \dfrac{1}{2000}r$.

**問題 1.9.** $z = x^2 - y^2$ の全微分は $dz = 2x\,dx - 2y\,dy$ である. これに $(x,y) = (0,0)$ を代入すると $dz = 0$ と

なる．$dz = z - 0$ とおけば $z = 0$ となり，これが求める接平面の方程式である．曲面と接平面のグラフの位置関係は下図のとおりである．

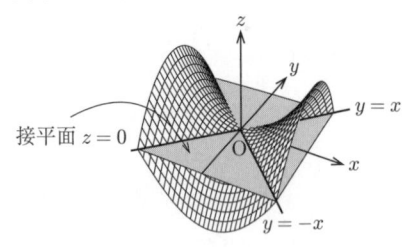

**問題 1.10.** $\dfrac{\partial x}{\partial u} = \dfrac{\partial}{\partial u}(u-v) = 1, \dfrac{\partial y}{\partial u} = \dfrac{\partial}{\partial u}(uv) = v$ であるから，合成関数の微分公式より

$$\dfrac{\partial z}{\partial u} = \dfrac{\partial z}{\partial x}\dfrac{\partial x}{\partial u} + \dfrac{\partial z}{\partial y}\dfrac{\partial y}{\partial u} = \dfrac{\partial z}{\partial x}\cdot 1 + \dfrac{\partial z}{\partial y}\cdot v = \dfrac{\partial z}{\partial x} + v\dfrac{\partial z}{\partial y}. \quad (*)$$

$\dfrac{\partial x}{\partial v} = \dfrac{\partial}{\partial v}(u-v) = -1, \dfrac{\partial y}{\partial v} = \dfrac{\partial}{\partial v}(uv) = u$ であるから，合成関数の微分公式より

$$\dfrac{\partial z}{\partial v} = \dfrac{\partial z}{\partial x}\dfrac{\partial x}{\partial v} + \dfrac{\partial z}{\partial y}\dfrac{\partial y}{\partial v} = \dfrac{\partial z}{\partial x}\cdot(-1) + \dfrac{\partial z}{\partial y}\cdot u = -\dfrac{\partial z}{\partial x} + u\dfrac{\partial z}{\partial y}. \quad (**)$$

次に，$\dfrac{\partial^2 z}{\partial u^2}$ を計算する．$(*)$ より，

$$\dfrac{\partial^2 z}{\partial u^2} = \dfrac{\partial}{\partial u}\left(\dfrac{\partial z}{\partial u}\right)$$
$$= \dfrac{\partial}{\partial u}\left(\underbrace{\dfrac{\partial z}{\partial x}(u-v,uv)}_{u,v\ \text{の関数}} + \underbrace{v}_{\text{定数}}\underbrace{\dfrac{\partial z}{\partial y}(u-v,uv)}_{u,v\ \text{の関数}}\right)$$

であるから，

$$\dfrac{\partial^2 z}{\partial u^2} = \dfrac{\partial}{\partial u}\left(\boxed{\dfrac{\partial z}{\partial x}}\right) + v\dfrac{\partial}{\partial u}\left(\boxed{\dfrac{\partial z}{\partial y}}\right)$$
$$= \dfrac{\partial}{\partial x}\left(\boxed{\dfrac{\partial z}{\partial x}}\right)\cdot\underbrace{\dfrac{\partial x}{\partial u}}_{1} + \dfrac{\partial}{\partial y}\left(\boxed{\dfrac{\partial z}{\partial x}}\right)\cdot\underbrace{\dfrac{\partial y}{\partial u}}_{v}$$
$$+ v\left\{\dfrac{\partial}{\partial x}\left(\boxed{\dfrac{\partial z}{\partial y}}\right)\cdot\underbrace{\dfrac{\partial x}{\partial u}}_{1} + \dfrac{\partial}{\partial y}\left(\boxed{\dfrac{\partial z}{\partial y}}\right)\cdot\underbrace{\dfrac{\partial y}{\partial u}}_{v}\right\}$$
$$= \dfrac{\partial^2 z}{\partial x^2} + v\dfrac{\partial^2 z}{\partial y \partial x} + v\left(\dfrac{\partial^2 z}{\partial x \partial y} + v\dfrac{\partial^2 z}{\partial y^2}\right)$$
$$= \dfrac{\partial^2 z}{\partial x^2} + 2v\dfrac{\partial^2 z}{\partial x \partial y} + v^2\dfrac{\partial^2 z}{\partial y^2}$$

となる．次に，$\dfrac{\partial^2 z}{\partial u \partial v}$ を計算する．$(**)$ より，

$$\dfrac{\partial^2 z}{\partial u \partial v} = \dfrac{\partial}{\partial u}\left(\dfrac{\partial z}{\partial v}\right)$$
$$= \dfrac{\partial}{\partial u}\left(\underbrace{-\dfrac{\partial z}{\partial x}(u-v,uv)}_{u,v\ \text{の関数}} + \underbrace{u}_{u\ \text{の関数}}\underbrace{\dfrac{\partial z}{\partial y}(u-v,uv)}_{u,v\ \text{の関数}}\right)$$

であるから，積の微分公式より，

$$\dfrac{\partial^2 z}{\partial u \partial v} = -\dfrac{\partial}{\partial u}\left(\dfrac{\partial z}{\partial x}\right) + \dfrac{\partial}{\partial u}\left(u\dfrac{\partial z}{\partial y}\right)$$
$$= -\dfrac{\partial}{\partial u}\left(\boxed{\dfrac{\partial z}{\partial x}}\right) + \underbrace{\dfrac{\partial}{\partial u}u}_{1}\cdot\dfrac{\partial z}{\partial y} + u\cdot\dfrac{\partial}{\partial u}\left(\boxed{\dfrac{\partial z}{\partial y}}\right)$$
$$= -\left\{\dfrac{\partial}{\partial x}\left(\boxed{\dfrac{\partial z}{\partial x}}\right)\cdot\underbrace{\dfrac{\partial x}{\partial u}}_{1} + \dfrac{\partial}{\partial y}\left(\boxed{\dfrac{\partial z}{\partial x}}\right)\cdot\underbrace{\dfrac{\partial y}{\partial u}}_{v}\right\}$$
$$+ \dfrac{\partial z}{\partial y} + u\left\{\dfrac{\partial}{\partial x}\left(\boxed{\dfrac{\partial z}{\partial y}}\right)\cdot\underbrace{\dfrac{\partial x}{\partial u}}_{1} + \dfrac{\partial}{\partial y}\left(\boxed{\dfrac{\partial z}{\partial y}}\right)\cdot\underbrace{\dfrac{\partial y}{\partial u}}_{v}\right\}$$
$$= -\dfrac{\partial^2 z}{\partial x^2} - v\dfrac{\partial^2 z}{\partial y \partial x} + \dfrac{\partial z}{\partial y} + u\dfrac{\partial^2 z}{\partial x \partial y} + uv\dfrac{\partial^2 z}{\partial y^2}$$
$$= -\dfrac{\partial^2 z}{\partial x^2} + (u-v)\dfrac{\partial^2 z}{\partial x \partial y} + \dfrac{\partial z}{\partial y} + uv\dfrac{\partial^2 z}{\partial y^2}.$$

**別解** $\dfrac{\partial^2 z}{\partial v \partial u}$ を計算してもよい．$(*)$ より，

$$\dfrac{\partial^2 z}{\partial v \partial u} = \dfrac{\partial}{\partial v}\left(\dfrac{\partial z}{\partial u}\right)$$
$$= \dfrac{\partial}{\partial v}\left(\underbrace{\dfrac{\partial z}{\partial x}(u-v,uv)}_{u,v\ \text{の関数}} + \underbrace{v}_{v\ \text{の関数}}\underbrace{\dfrac{\partial z}{\partial y}(u-v,uv)}_{u,v\ \text{の関数}}\right)$$

であるから，積の微分公式より，

$$\dfrac{\partial^2 z}{\partial v \partial u} = \dfrac{\partial}{\partial v}\left(\dfrac{\partial z}{\partial x}\right) + \dfrac{\partial}{\partial v}\left(v\dfrac{\partial z}{\partial y}\right)$$
$$= \dfrac{\partial}{\partial v}\left(\boxed{\dfrac{\partial z}{\partial x}}\right) + \underbrace{\dfrac{\partial}{\partial v}v}_{1}\cdot\dfrac{\partial z}{\partial y} + v\cdot\dfrac{\partial}{\partial v}\left(\boxed{\dfrac{\partial z}{\partial y}}\right)$$
$$= \left\{\dfrac{\partial}{\partial x}\left(\boxed{\dfrac{\partial z}{\partial x}}\right)\cdot\underbrace{\dfrac{\partial x}{\partial v}}_{-1} + \dfrac{\partial}{\partial y}\left(\boxed{\dfrac{\partial z}{\partial x}}\right)\cdot\underbrace{\dfrac{\partial y}{\partial v}}_{u}\right\}$$
$$+ \dfrac{\partial z}{\partial y} + v\left\{\dfrac{\partial}{\partial x}\left(\boxed{\dfrac{\partial z}{\partial y}}\right)\cdot\underbrace{\dfrac{\partial x}{\partial v}}_{-1} + \dfrac{\partial}{\partial y}\left(\boxed{\dfrac{\partial z}{\partial y}}\right)\cdot\underbrace{\dfrac{\partial y}{\partial v}}_{u}\right\}$$
$$= -\dfrac{\partial^2 z}{\partial x^2} + u\dfrac{\partial^2 z}{\partial y \partial x} + \dfrac{\partial z}{\partial y} - v\dfrac{\partial^2 z}{\partial x \partial y} + uv\dfrac{\partial^2 z}{\partial y^2}$$
$$= -\dfrac{\partial^2 z}{\partial x^2} + (u-v)\dfrac{\partial^2 z}{\partial x \partial y} + \dfrac{\partial z}{\partial y} + uv\dfrac{\partial^2 z}{\partial y^2}.$$

最後に，$\dfrac{\partial^2 z}{\partial v^2}$ を計算する．$(**)$ より，

$$\dfrac{\partial^2 z}{\partial v^2} = \dfrac{\partial}{\partial v}\left(\dfrac{\partial z}{\partial v}\right)$$
$$= \dfrac{\partial}{\partial v}\left(\underbrace{-\dfrac{\partial z}{\partial x}(u-v,uv)}_{u,v\ \text{の関数}} + \underbrace{u}_{\text{定数}}\underbrace{\dfrac{\partial z}{\partial y}(u-v,uv)}_{u,v\ \text{の関数}}\right)$$

であるから,
$$\frac{\partial^2 z}{\partial v^2} = -\frac{\partial}{\partial v}\left(\frac{\partial z}{\partial x}\right) + u\frac{\partial}{\partial v}\left(\frac{\partial z}{\partial y}\right)$$
$$= -\left\{\frac{\partial}{\partial x}\left(\frac{\partial z}{\partial x}\right) \cdot \underbrace{\frac{\partial x}{\partial v}}_{-1} + \frac{\partial}{\partial y}\left(\frac{\partial z}{\partial x}\right) \cdot \underbrace{\frac{\partial y}{\partial v}}_{u}\right\}$$
$$+ u\left\{\frac{\partial}{\partial x}\left(\frac{\partial z}{\partial y}\right) \cdot \underbrace{\frac{\partial x}{\partial v}}_{-1} + \frac{\partial}{\partial y}\left(\frac{\partial z}{\partial y}\right) \cdot \underbrace{\frac{\partial y}{\partial v}}_{u}\right\}$$
$$= \frac{\partial^2 z}{\partial x^2} - u\frac{\partial^2 z}{\partial y \partial x} + u\left(-\frac{\partial^2 z}{\partial x \partial y} + u\frac{\partial^2 z}{\partial y^2}\right)$$
$$= \frac{\partial^2 z}{\partial x^2} - 2u\frac{\partial^2 z}{\partial x \partial y} + u^2\frac{\partial^2 z}{\partial y^2}$$
となる.

**問題 1.11.** $x_r = (r\cos\theta)_r = \cos\theta$, $y_r = (r\sin\theta)_r = \sin\theta$ であるから, $z_r = z_x \cdot x_r + z_y \cdot y_r = z_x\cos\theta + z_y\sin\theta$ となる. 次に, $x_\theta = (r\cos\theta)_\theta = -r\sin\theta$, $y_\theta = (r\sin\theta)_\theta = r\cos\theta$ であるから, $z_\theta = z_x \cdot x_\theta + z_y \cdot y_\theta = r(-z_x\sin\theta + z_y\cos\theta)$ となる. 以上より, $(z_r)^2 + \frac{1}{r^2}(z_\theta)^2 = (z_x\cos\theta + z_y\sin\theta)^2 + \frac{1}{r^2} \cdot r^2(-z_x\sin\theta + z_y\cos\theta)^2 = (z_x)^2 + (z_y)^2$ を得る.

**問題 1.12.** $\frac{\partial z}{\partial x} = \frac{dz}{dr} \cdot \frac{\partial r}{\partial x} = f'(\sqrt{x^2+y^2})\frac{x}{\sqrt{x^2+y^2}}$, $\frac{\partial z}{\partial y} = \frac{dz}{dr} \cdot \frac{\partial r}{\partial y} = f'(\sqrt{x^2+y^2})\frac{y}{\sqrt{x^2+y^2}}$

**問題 1.13.** $\frac{dw}{dt} = \frac{\partial f}{\partial x} \cdot \frac{dx}{dt} + \frac{\partial f}{\partial y} \cdot \frac{dy}{dt} + \frac{\partial f}{\partial t} \cdot \underbrace{\frac{dt}{dt}}_{1}$
$= \frac{\partial f}{\partial x}(x(t),y(t),t)\frac{dx}{dt}(t) + \frac{\partial f}{\partial y}(x(t),y(t),t)\frac{dy}{dt}(t)$
$+ \frac{\partial f}{\partial t}(x(t),y(t),t)$

**問題 1.14.** $\xi_x = (x-ct)_x = 1$, $\eta_x = (x+ct)_x = 1$ であるから,
$$u_x = u_\xi \cdot \xi_x + u_\eta \cdot \eta_x = u_\xi + u_\eta. \quad (*)$$
また, $\xi_t = (x-ct)_t = -c$, $\eta_t = (x+ct)_t = c$ であるから,
$$u_t = u_\xi \cdot \xi_t + u_\eta \cdot \eta_t = -cu_\xi + cu_\eta \quad (**)$$
となる. 次に, $u_x$ を $x$ で偏微分すると, $(*)$ より,
$$u_{xx} = (u_x)_x = (u_\xi + u_\eta)_x$$
$$= u_{\xi\xi} \cdot \underbrace{\xi_x}_{1} + u_{\xi\eta} \cdot \underbrace{\eta_x}_{1} + u_{\eta\xi} \cdot \underbrace{\xi_x}_{1} + u_{\eta\eta} \cdot \underbrace{\eta_x}_{1}$$
$$= u_{\xi\xi} + 2u_{\xi\eta} + u_{\eta\eta}$$

となる. $u_t$ を $t$ で偏微分すると, $(**)$ より,
$$u_{tt} = (u_t)_t = (-cu_\xi + cu_\eta)_t = -c(u_\xi)_t + c(u_\eta)_t$$
$$= -c(u_{\xi\xi} \cdot \underbrace{\xi_t}_{-c} + u_{\xi\eta} \cdot \underbrace{\eta_t}_{c})$$
$$+ c(u_{\eta\xi} \cdot \underbrace{\xi_t}_{-c} + u_{\eta\eta} \cdot \underbrace{\eta_t}_{c})$$
$$= -c(-cu_{\xi\xi} + cu_{\xi\eta}) + c(-cu_{\eta\xi} + cu_{\eta\eta})$$
$$= c^2 u_{\xi\xi} - 2c^2 u_{\xi\eta} + c^2 u_{\eta\eta}$$
となる. $u_{tt} = c^2 u_{xx}$ であるから, 上2式より, $c^2 u_{\xi\xi} - 2c^2 u_{\xi\eta} + c^2 u_{\eta\eta} = c^2(u_{\xi\xi} + 2u_{\xi\eta} + u_{\eta\eta})$. これを整理すると, $u_{\xi\eta} = 0$ がいえる. この等式を ($\xi$ を固定して) $\eta$ で積分すると, $u_\xi = \int u_{\xi\eta}\,d\eta = f(\xi)$ ($f$ は任意関数) と表せる. さらに, ($\eta$ を固定して) $\xi$ で積分すると, $u = \int u_\xi\,d\xi = \int f(\xi)\,d\xi = F(\xi) + G(\eta) = F(x-ct) + G(x+ct)$ ($F, G$ は任意関数) となる.

**問題 1.15.** (1) $\frac{\partial x}{\partial r} = \cos\theta$, $\frac{\partial x}{\partial \theta} = -r\sin\theta$, $\frac{\partial y}{\partial r} = \sin\theta$, $\frac{\partial y}{\partial \theta} = r\cos\theta$ である. よって, 合成関数の微分公式より,

$$\frac{\partial z}{\partial r} = \frac{\partial z}{\partial x}\frac{\partial x}{\partial r} + \frac{\partial z}{\partial y}\frac{\partial y}{\partial r}$$
$$= \frac{\partial z}{\partial x}(r\cos\theta, r\sin\theta)\cos\theta$$
$$+ \frac{\partial z}{\partial y}(r\cos\theta, r\sin\theta)\sin\theta,$$

$$\frac{\partial z}{\partial \theta} = \frac{\partial z}{\partial x}\frac{\partial x}{\partial \theta} + \frac{\partial z}{\partial y}\frac{\partial y}{\partial \theta}$$
$$= -r\sin\theta\frac{\partial z}{\partial x}(r\cos\theta, r\sin\theta)$$
$$+ r\cos\theta\frac{\partial z}{\partial y}(r\cos\theta, r\sin\theta).$$

(2) $\frac{\partial^2 z}{\partial r^2}$ は, 上で求めた $\frac{\partial z}{\partial r}$ の式の右辺を ($\theta$ を固定して) $r$ で偏微分すればよいわけだが, このとき, どこに変数があるのか, どこが定数なのかを見極めることが大事である. 具体的にいうと, 今は $\theta$ を固定する, すなわち定数とみなすから

$$\frac{\partial z}{\partial r} = \underbrace{\cos\theta}_{定数} \times \underbrace{\frac{\partial z}{\partial x}(r\cos\theta, r\sin\theta)}_{(r,\theta) の関数}$$
$$+ \underbrace{\sin\theta}_{定数} \times \underbrace{\frac{\partial z}{\partial y}(r\cos\theta, r\sin\theta)}_{(r,\theta) の関数}$$

とみなして $r$ で偏微分すればよい. つまり,
$$\frac{\partial^2 z}{\partial r^2} = \frac{\partial}{\partial r}\left(\frac{\partial z}{\partial r}\right) = \cos\theta\frac{\partial}{\partial r}\left(\frac{\partial z}{\partial x}\right) + \sin\theta\frac{\partial}{\partial r}\left(\frac{\partial z}{\partial y}\right)$$

を計算すればよい.

$$\frac{\partial^2 z}{\partial r^2} = \cos\theta \left( \frac{\partial^2 z}{\partial x^2}\frac{\partial x}{\partial r} + \frac{\partial^2 z}{\partial y \partial x}\frac{\partial y}{\partial r} \right)$$
$$+ \sin\theta \left( \frac{\partial^2 z}{\partial x \partial y}\frac{\partial x}{\partial r} + \frac{\partial^2 z}{\partial y^2}\frac{\partial y}{\partial r} \right)$$
$$= \cos\theta \left( \frac{\partial^2 z}{\partial x^2}\cos\theta + \frac{\partial^2 z}{\partial y \partial x}\sin\theta \right)$$
$$+ \sin\theta \left( \frac{\partial^2 z}{\partial x \partial y}\cos\theta + \frac{\partial^2 z}{\partial y^2}\sin\theta \right)$$
$$= \cos^2\theta \frac{\partial^2 z}{\partial x^2} + \cos\theta\sin\theta \frac{\partial^2 z}{\partial y \partial x}$$
$$+ \sin\theta\cos\theta \frac{\partial^2 z}{\partial x \partial y} + \sin^2\theta \frac{\partial^2 z}{\partial y^2}$$
$$= \cos^2\theta \frac{\partial^2 z}{\partial x^2} + 2\cos\theta\sin\theta \frac{\partial^2 z}{\partial x \partial y} + \sin^2\theta \frac{\partial^2 z}{\partial y^2}.$$

(3) (2) と同様に考える. まず, (1) で求めた $\frac{\partial z}{\partial \theta}$ の式の右辺を眺めて, 今度は $r$ を固定するから,

$$\frac{\partial z}{\partial \theta} = - \underbrace{r}_{\text{定数}} \times \underbrace{\sin\theta}_{\theta \text{ の関数}} \times \underbrace{\frac{\partial z}{\partial x}(r\cos\theta, r\sin\theta)}_{(r,\theta) \text{ の関数}}$$
$$+ \underbrace{\cos\theta}_{\theta \text{ の関数}} \times \underbrace{r}_{\text{定数}} \times \underbrace{\frac{\partial z}{\partial y}(r\cos\theta, r\sin\theta)}_{(r,\theta) \text{ の関数}}$$

となる. つまり,

$$\frac{\partial^2 z}{\partial \theta^2} = \frac{\partial}{\partial \theta}\left(\frac{\partial z}{\partial \theta}\right) = -r\frac{\partial}{\partial \theta}\left(\sin\theta \frac{\partial z}{\partial x}\right) + r\frac{\partial}{\partial \theta}\left(\cos\theta \frac{\partial z}{\partial y}\right) \quad (*)$$

という計算になる. 右辺第 1 項の $\frac{\partial}{\partial \theta}\left(\sin\theta \frac{\partial z}{\partial x}\right)$ の計算には, ( ) 内が $\theta$ の関数の積になっていることから, 積の微分公式 $(gh)' = g'h + gh'$ を $g = \sin\theta, h = \frac{\partial z}{\partial x}(r\cos\theta, r\sin\theta)$ (ただし $\theta$ の関数として) を使わなければならない. つまり,

$$\frac{\partial}{\partial \theta}\left(\sin\theta \frac{\partial z}{\partial x}\right) = \cos\theta \frac{\partial z}{\partial x} + \sin\theta \frac{\partial}{\partial \theta}\left(\frac{\partial z}{\partial x}\right)$$

と変形できる.

同様にして, $(*)$ 式の右辺第 2 項の $\frac{\partial}{\partial \theta}\left(\cos\theta \frac{\partial z}{\partial y}\right)$ は

$$\frac{\partial}{\partial \theta}\left(\cos\theta \frac{\partial z}{\partial y}\right) = -\sin\theta \frac{\partial z}{\partial y} + \cos\theta \frac{\partial}{\partial \theta}\left(\frac{\partial z}{\partial y}\right)$$

となる. これらを $(*)$ 式に代入すると

$$\frac{\partial^2 z}{\partial \theta^2} = -r\left(\cos\theta \frac{\partial z}{\partial x} + \sin\theta \frac{\partial}{\partial \theta}\left(\frac{\partial z}{\partial x}\right)\right)$$
$$+ r\left(-\sin\theta \frac{\partial z}{\partial y} + \cos\theta \frac{\partial}{\partial \theta}\left(\frac{\partial z}{\partial y}\right)\right)$$
$$= -r\left(\cos\theta \frac{\partial z}{\partial x} + \sin\theta \left(\frac{\partial^2 z}{\partial x^2}\frac{\partial x}{\partial \theta} + \frac{\partial^2 z}{\partial y \partial x}\frac{\partial y}{\partial \theta}\right)\right)$$
$$+ r\left(-\sin\theta \frac{\partial z}{\partial y} + \cos\theta \left(\frac{\partial^2 z}{\partial x \partial y}\frac{\partial x}{\partial \theta} + \frac{\partial^2 z}{\partial y^2}\frac{\partial y}{\partial \theta}\right)\right)$$
$$= -r\left(\cos\theta \frac{\partial z}{\partial x} + \sin\theta \left(\frac{\partial^2 z}{\partial x^2}(-r\sin\theta)\right.\right.$$
$$\left.\left.+ \frac{\partial^2 z}{\partial y \partial x}(r\cos\theta)\right)\right) + r\left(-\sin\theta \frac{\partial z}{\partial y}\right.$$
$$\left.+ \cos\theta \left(\frac{\partial^2 z}{\partial x \partial y}(-r\sin\theta) + \frac{\partial^2 z}{\partial y^2}(r\cos\theta)\right)\right)$$
$$= -r\cos\theta \frac{\partial z}{\partial x} + r^2\sin^2\theta \frac{\partial^2 z}{\partial x^2} - r^2\sin\theta\cos\theta \frac{\partial^2 z}{\partial y \partial x}$$
$$- r\sin\theta \frac{\partial z}{\partial y} - r^2\cos\theta\sin\theta \frac{\partial^2 z}{\partial x \partial y} + r^2\cos^2\theta \frac{\partial^2 z}{\partial y^2}$$
$$= r^2\left(\sin^2\theta \frac{\partial^2 z}{\partial x^2} - 2\cos\theta\sin\theta \frac{\partial^2 z}{\partial x \partial y} + \cos^2\theta \frac{\partial^2 z}{\partial y^2}\right)$$
$$- r\left(\cos\theta \frac{\partial z}{\partial x} + \sin\theta \frac{\partial z}{\partial y}\right).$$

(4) (1) 〜 (3) の結果を右辺に代入して計算すれば左辺になる.

(参考) **偏微分演算子の計算**

(4) の結果は直交座標 $(x, y)$ を極座標 $(r, \theta)$ に座標変換するときに用いるのだから, 左辺から右辺を導くほうが自然な考え方である. 以下, この方針で考えよう. (1) の結果を偏微分するという操作だけをとりだして $z$ を省いて書くと

$$\frac{\partial}{\partial r} = \cos\theta \frac{\partial}{\partial x} + \sin\theta \frac{\partial}{\partial y}, \quad \frac{\partial}{\partial \theta} = -r\sin\theta \frac{\partial}{\partial x} + r\cos\theta \frac{\partial}{\partial y}.$$

これを行列を使って書くと

$$\begin{bmatrix} \dfrac{\partial}{\partial r} \\ \dfrac{\partial}{\partial \theta} \end{bmatrix} = \begin{bmatrix} \cos\theta & \sin\theta \\ -r\sin\theta & r\cos\theta \end{bmatrix} \begin{bmatrix} \dfrac{\partial}{\partial x} \\ \dfrac{\partial}{\partial y} \end{bmatrix}.$$

両辺に $\begin{bmatrix} \cos\theta & \sin\theta \\ -r\sin\theta & r\cos\theta \end{bmatrix}^{-1} = \dfrac{1}{r}\begin{bmatrix} r\cos\theta & -\sin\theta \\ r\sin\theta & \cos\theta \end{bmatrix} = \begin{bmatrix} \cos\theta & -\dfrac{\sin\theta}{r} \\ \sin\theta & \dfrac{\cos\theta}{r} \end{bmatrix}$ を施すと

$$\begin{bmatrix} \dfrac{\partial}{\partial x} \\ \dfrac{\partial}{\partial y} \end{bmatrix} = \begin{bmatrix} \cos\theta & -\dfrac{\sin\theta}{r} \\ \sin\theta & \dfrac{\cos\theta}{r} \end{bmatrix} \begin{bmatrix} \dfrac{\partial}{\partial r} \\ \dfrac{\partial}{\partial \theta} \end{bmatrix}.$$

よって,
$$\frac{\partial}{\partial x} = \cos\theta \frac{\partial}{\partial r} - \frac{\sin\theta}{r}\frac{\partial}{\partial \theta}, \quad \frac{\partial}{\partial y} = \sin\theta \frac{\partial}{\partial r} + \frac{\cos\theta}{r}\frac{\partial}{\partial \theta}.$$

$$\therefore \left(\frac{\partial}{\partial x}\right)^2 = \left(\cos\theta \frac{\partial}{\partial r} - \frac{\sin\theta}{r}\frac{\partial}{\partial \theta}\right)\left(\cos\theta \frac{\partial}{\partial r} - \frac{\sin\theta}{r}\frac{\partial}{\partial \theta}\right)$$
$$= \cos\theta \frac{\partial}{\partial r}\left(\cos\theta \frac{\partial}{\partial r}\right) - \cos\theta \frac{\partial}{\partial r}\left(\frac{\sin\theta}{r}\frac{\partial}{\partial \theta}\right)$$
$$-\frac{\sin\theta}{r}\frac{\partial}{\partial \theta}\left(\cos\theta \frac{\partial}{\partial r}\right) + \frac{\sin\theta}{r}\frac{\partial}{\partial \theta}\left(\frac{\sin\theta}{r}\frac{\partial}{\partial \theta}\right)$$
$$= \cos^2\theta \frac{\partial^2}{\partial r^2} - \cos\theta\left(-\frac{\sin\theta}{r^2}\frac{\partial}{\partial \theta} + \frac{\sin\theta}{r}\frac{\partial^2}{\partial r\partial \theta}\right)$$
$$-\frac{\sin\theta}{r}\left(-\sin\theta\frac{\partial}{\partial r} + \cos\theta\frac{\partial^2}{\partial \theta\partial r}\right)$$
$$+\frac{\sin\theta}{r}\left(\frac{\cos\theta}{r}\frac{\partial}{\partial \theta} + \frac{\sin\theta}{r}\frac{\partial^2}{\partial \theta^2}\right)$$
$$= \cos^2\theta \frac{\partial^2}{\partial r^2} - 2\frac{\cos\theta\sin\theta}{r}\frac{\partial^2}{\partial r\partial \theta} + \frac{\sin^2\theta}{r^2}\frac{\partial^2}{\partial \theta^2}$$
$$+\frac{\sin^2\theta}{r}\frac{\partial}{\partial r} + 2\frac{\cos\theta\sin\theta}{r^2}\frac{\partial}{\partial \theta}$$

同様にして,
$$\left(\frac{\partial}{\partial y}\right)^2 = \left(\sin\theta \frac{\partial}{\partial r} + \frac{\cos\theta}{r}\frac{\partial}{\partial \theta}\right)\left(\sin\theta \frac{\partial}{\partial r} + \frac{\cos\theta}{r}\frac{\partial}{\partial \theta}\right)$$
$$= \sin\theta \frac{\partial}{\partial r}\left(\sin\theta \frac{\partial}{\partial r}\right) + \sin\theta \frac{\partial}{\partial r}\left(\frac{\cos\theta}{r}\frac{\partial}{\partial \theta}\right)$$
$$+\frac{\cos\theta}{r}\frac{\partial}{\partial \theta}\left(\sin\theta \frac{\partial}{\partial r}\right) + \frac{\cos\theta}{r}\frac{\partial}{\partial \theta}\left(\frac{\cos\theta}{r}\frac{\partial}{\partial \theta}\right)$$
$$= \sin^2\theta \frac{\partial^2}{\partial r^2} + \sin\theta\left(-\frac{\cos\theta}{r^2}\frac{\partial}{\partial \theta} + \frac{\cos\theta}{r}\frac{\partial^2}{\partial r\partial \theta}\right)$$
$$+\frac{\cos\theta}{r}\left(\cos\theta\frac{\partial}{\partial r} + \sin\theta\frac{\partial^2}{\partial \theta\partial r}\right)$$
$$+\frac{\cos\theta}{r}\left(-\frac{\sin\theta}{r}\frac{\partial}{\partial \theta} + \frac{\cos\theta}{r}\frac{\partial^2}{\partial \theta^2}\right)$$
$$= \sin^2\theta \frac{\partial^2}{\partial r^2} + 2\frac{\cos\theta\sin\theta}{r}\frac{\partial^2}{\partial r\partial \theta} + \frac{\cos^2\theta}{r^2}\frac{\partial^2}{\partial \theta^2}$$
$$+\frac{\cos^2\theta}{r}\frac{\partial}{\partial r} - 2\frac{\cos\theta\sin\theta}{r^2}\frac{\partial}{\partial \theta}$$

これらを加えると, 題意の等式が得られる.

なお, このような計算では, 物理の人が"次元解析"と呼んでいる, 次数の見積もりを利用すると間違いを発見できることがある. すなわち, $x, y, r$ などは1次の量で, 角度 $\theta$ は0次の量, 最初に与えられた式 $\frac{\partial^2}{\partial x^2} + \frac{\partial^2}{\partial y^2}$ の各項は $-2$ 次で, 変換は次数を保つものなので, 計算結果もそうなっていなければならない.

**注意** 数の2乗の展開 $(a+b)^2 = a^2 + 2ab + b^2$ のように,
$$\left(\frac{\partial}{\partial x}\right)^2 = \left(\cos\theta \frac{\partial}{\partial r} - \frac{\sin\theta}{r}\frac{\partial}{\partial \theta}\right)^2$$
$$= \cos^2\theta \frac{\partial^2}{\partial r^2} - 2\cos\theta \frac{\partial}{\partial r}\frac{\sin\theta}{r}\frac{\partial}{\partial \theta} + \frac{\sin^2\theta}{r^2}\frac{\partial^2}{\partial \theta^2}$$
としてはいけない. その理由は偏微分してから掛け算をするという操作と掛け算をしてから偏微分するという操作は同じ結果をもたらさないからである. たとえば, 2変数関数 $x^2y + x$ を $x$ で偏微分した後に $x$ を掛けるという操作は $x\frac{\partial}{\partial x}$ と書くことができ (右側にあるものから作用させていくのが数学の約束事である),
$$x\frac{\partial}{\partial x}(x^2y + x) = x(2xy + 1) = 2x^2y + x$$
となる. 一方, $x$ を掛けてから $x$ で偏微分するという操作は $\frac{\partial}{\partial x}x$ と表せて,
$$\frac{\partial}{\partial x}x(x^2y + x) = \frac{\partial}{\partial x}(x^3y + x^2) = 3x^2y + 2x,$$
$$\therefore \quad x\frac{\partial}{\partial x} \neq \frac{\partial}{\partial x}x$$
となる. 同様に考えれば
$$x\frac{\partial}{\partial y}\left(y\frac{\partial}{\partial x}\right) \neq y\frac{\partial}{\partial x}\left(x\frac{\partial}{\partial y}\right)$$
であることがわかる. 左辺は具体的には, 2変数関数 $z = z(x,y)$ に対して $x\frac{\partial}{\partial y}\left(y\frac{\partial z}{\partial x}\right)$ を計算することを意味するから, 積の微分公式より
$$x\frac{\partial}{\partial y}\left(y\frac{\partial}{\partial x}\right) = x\left(1 \times \frac{\partial}{\partial x} + y\frac{\partial^2}{\partial y\partial x}\right)$$
$$= x\frac{\partial}{\partial x} + xy\frac{\partial^2}{\partial y\partial x}$$
となり, 一方, 右辺は
$$y\frac{\partial}{\partial x}\left(x\frac{\partial}{\partial y}\right) = y\left(1 \times \frac{\partial}{\partial y} + x\frac{\partial^2}{\partial x\partial y}\right)$$
$$= y\frac{\partial}{\partial y} + yx\frac{\partial^2}{\partial x\partial y} = y\frac{\partial}{\partial y} + xy\frac{\partial^2}{\partial y\partial x}$$
である. 数の2乗の展開公式 $(a+b)^2 = a^2 + 2ab + b^2$ が成り立つのは, $ab = ba$ だからである. それから, $\left(\frac{\partial}{\partial x}\right)^2$ は, $x$ で偏微分する操作 $\frac{\partial}{\partial x}$ を2回施すことを表す. つまり,
$$\left(\frac{\partial}{\partial x}\right)^2 = \frac{\partial}{\partial x}\left(\frac{\partial}{\partial x}\right)$$
である. これは $\frac{\partial^2}{\partial x^2}$ と書くのが普通である. ただし, $\frac{\partial^2 z}{\partial x^2} \neq \left(\frac{\partial z}{\partial x}\right)^2$ であることに注意する. $\left(\frac{\partial z}{\partial x}\right)^2$ は, 関数 $z = z(x,y)$ を $x$ で偏微分した結果を2乗したものであって, $x$ で2回, 偏微分したものではない.

**問題 1.16.** 合成関数の微分公式より
$$\frac{d}{dt}u(ct+d,t) = \frac{\partial u}{\partial x} \times \frac{d}{dt}(ct+d) + \frac{\partial u}{\partial t} \times \frac{dt}{dt} = c\frac{\partial u}{\partial x} + \frac{\partial u}{\partial t}$$
となるが，与えられた条件 $\frac{\partial u}{\partial t} + c\frac{\partial u}{\partial x} = 0$ より，上式の右辺は 0 である．したがって，
$$\frac{d}{dt}u(ct+d,t) = 0$$
となり，直線 $x = ct + d$ 上では $u$ は一定の値をとることが示された．

**注意** この問題の結果，$\frac{\partial u}{\partial t} + c\frac{\partial u}{\partial x} = 0$ の解 $u$ の値は直線 $x = ct + d$ の $x$ 切片 $d$ だけで定まることがわかる．ただし，$u$ の値そのものは任意に決められるから，$u = f(d) = f(x - ct)$（$f$ は任意の 1 変数関数）と表せる．

**問題 1.17.** $\lambda > 0$ の恒等式
$$u(\lambda x_1, \lambda x_2, \cdots, \lambda x_n) = \lambda^\alpha u(x_1, x_2, \cdots, x_n)$$
の両辺を $\lambda$ で微分すると，合成関数の微分公式より，
$$\frac{\partial u}{\partial x_1}(\lambda x_1, \lambda x_2, \cdots, \lambda x_n) \cdot \underbrace{\frac{d}{d\lambda}(\lambda x_1)}_{x_1}$$
$$+ \frac{\partial u}{\partial x_2}(\lambda x_1, \lambda x_2, \cdots, \lambda x_n) \cdot \underbrace{\frac{d}{d\lambda}(\lambda x_2)}_{x_2}$$
$$+ \cdots + \frac{\partial u}{\partial x_n}(\lambda x_1, \lambda x_2, \cdots, \lambda x_n) \cdot \underbrace{\frac{d}{d\lambda}(\lambda x_n)}_{x_n}$$
$$= \alpha \lambda^{\alpha - 1} u(x_1, x_2, \cdots, x_n)$$
となる．これに $\lambda = 1$ を代入すれば，題意の等式が得られる．

**問題 1.18.** $\frac{d}{dx}F(x,x) = \frac{\partial F}{\partial p}\frac{dp}{dx} + \frac{\partial F}{\partial q}\frac{dq}{dx} = f(q,p)|_{(p,q)=(x,x)} \cdot 1 + \int_a^p \frac{\partial f}{\partial q}(q,t)\,dt \Big|_{(p,q)=(x,x)} \cdot 1 = f(x,x) + \int_a^x \frac{\partial f}{\partial x}(x,t)\,dt$

**問題 1.19.** (1) $f_x = y(1-2x^2)e^{-x^2-y^2} = 0$ かつ $f_y = x(1-2y^2)e^{-x^2-y^2} = 0$ を解いて，$\left(\pm\frac{1}{\sqrt{2}}, \pm\frac{1}{\sqrt{2}}\right)$（複号任意），$(0,0)$ が極値をとる点の候補である．また，$f_{xx} = 2xy(2x^2-3)e^{-x^2-y^2}$，$f_{yy} = 2xy(2y^2-3)e^{-x^2-y^2}$，$f_{xy} = f_{yx} = (1-2x^2)(1-2y^2)e^{-x^2-y^2}$ である．$H(0,0) = -1 < 0$ であるから，$(0,0)$ では極値をとらない．$H\left(\pm\frac{1}{\sqrt{2}}, \pm\frac{1}{\sqrt{2}}\right) = 4e^{-2} > 0$ かつ $f_{xx}\left(\pm\frac{1}{\sqrt{2}}, \pm\frac{1}{\sqrt{2}}\right) = -2e^{-1} < 0$（複号同順）であるから，$\left(\pm\frac{1}{\sqrt{2}}, \pm\frac{1}{\sqrt{2}}\right)$（複号同順）で極大値 $\frac{1}{2e}$ をとる．

$H\left(\pm\frac{1}{\sqrt{2}}, \mp\frac{1}{\sqrt{2}}\right) = 4e^{-2} > 0$ かつ $f_{xx}\left(\pm\frac{1}{\sqrt{2}}, \mp\frac{1}{\sqrt{2}}\right) = 2e^{-1} > 0$（複号同順）であるから，$\left(\pm\frac{1}{\sqrt{2}}, \mp\frac{1}{\sqrt{2}}\right)$（複号同順）で極小値 $-\frac{1}{2e}$ をとる．

(2) $f_x = y(a-2x-y) = 0$ かつ $f_y = x(a-x-2y) = 0$ を解いて，$(0,0), (a,0), (0,a), \left(\frac{a}{3}, \frac{a}{3}\right)$ が極値をとる点の候補である．また，$f_{xx} = -2y$，$f_{xy} = a-2x-2y$，$f_{yy} = -2x$ である．$H(0,0) = -a^2 < 0$ より，$(0,0)$ では極値をとらない．$H(a,0) = -a^2 < 0$ より，$(a,0)$ では極値をとらない．$H(0,a) = -a^2 < 0$ より，$(0,a)$ では極値をとらない．$H\left(\frac{a}{3}, \frac{a}{3}\right) = \frac{a^2}{3} > 0$，$f_{xx}\left(\frac{a}{3}, \frac{a}{3}\right) = -\frac{2}{3}a$ より，$a > 0$ なら $\left(\frac{a}{3}, \frac{a}{3}\right)$ で極大値 $\frac{a^3}{27}$，$a < 0$ なら $\left(\frac{a}{3}, \frac{a}{3}\right)$ で極小値 $\frac{a^3}{27}$ をとる．

(3) $f_x = 4x^3 + 12xy^2 = 4x(x^2 + 3y^2) = 0$ かつ $f_y = 4y^3 + 12x^2 y - 4y = 4y(y^2 + 3x^2 - 1) = 0$ を解いて，$(0,0), (0,\pm 1)$ が極値をとる点の候補である．また，$f_{xx} = 12x^2 + 12y^2$，$f_{xy} = f_{yx} = 24xy$，$f_{yy} = 12y^2 + 12x^2 - 4$ である．$H(0,\pm 1) = 96 > 0$ かつ $f_{xx}(0,\pm 1) = 12 > 0$ より，$(0,\pm 1)$ で極小値 $-1$ をとる．原点 $(0,0)$ では $H(0,0) = 0$ だから，2 次近似による判定法は使えない．$x \neq 0$ ならば $f(x,0) = x^4 > 0$ であり，$y$ が 0 に近いとき $f(0,y) = y^4 - 2y^2 < 0$ であるから，$(0,0)$ で極値をとらない．

(4) $f_x = 4x^3 - 4xy = 4x(x^2 - y) = 0$ かつ $f_y = 4y^3 - 2x^2 = 2(2y^3 - x^2) = 0$ を解いて，$\left(\pm\frac{1}{\sqrt[4]{2}}, \frac{1}{\sqrt{2}}\right)$，$(0,0)$ が極値をとる点の候補である．また，$f_{xx} = 12x^2 - 4y$，$f_{xy} = f_{yx} = -4x$，$f_{yy} = 12y^2$ である．$H\left(\pm\frac{1}{\sqrt[4]{2}}, \frac{1}{\sqrt{2}}\right) = 16\sqrt{2} > 0$ かつ $f\left(\pm\frac{1}{\sqrt[4]{2}}, \frac{1}{\sqrt{2}}\right) = 4\sqrt{2} > 0$ より，$\left(\pm\frac{1}{\sqrt[4]{2}}, \frac{1}{\sqrt{2}}\right)$ で極小値 $-\frac{1}{4}$ をとる．原点 $(0,0)$ では $H(0,0) = 0$ だから，2 次近似による判定法は使えない．$x \neq 0$ ならば $f(x,0) = x^4 > 0$ であり，$x$ が 0 に近い正の数のとき $f(x,x) = 2x^3(x-1) < 0$ であるから，$(0,0)$ で極値をとらない．

**問題 1.20.** $f_x = 8x^3 - 6xy = 0$ かつ $f_y = 2y - 3x^2 = 0$ を解いて，$(x,y) = (0,0)$ が極値をとる点の候補である．また，$f_{xx} = 24x^2 - 6y$，$f_{xy} = f_{yx} = -6x$，$f_{yy} = 2$ である．$H(0,0) = 0$ であるから，2 次近似による判定法は使えない．$x^2 < y < 2x^2$ という領域で $f(x,y) < 0$，その他で $f(x,y) > 0$ となるから，$(0,0)$ で極値をとらない．

問題 **1.21.** (1) $f_x = 3x^2 - 3y = 0$ かつ $f_y = -3x + 3y^2 = 0$ より, $(x, y) = (0,0), (1,1)$ となるが, このうち, $C$ 上にあるのは $(0,0)$ である. よって, 曲線 $C$ の特異点は $(0,0)$ である.
(2) $x^3 - 3xy + y^3 = 0$ の両辺の全微分をとると, $(3x^2 - 3y)dx + (-3x + 3y^2)dy = 0$. よって,
$$(x^2 - y)dx + (-x + y^2)dy = 0 \quad (*)$$
となる.
(i) $(*)$ 式に $(x, y) = \left(\dfrac{3}{2}, \dfrac{3}{2}\right)$ を代入すると,
$$\frac{3}{4}dx + \frac{3}{4}dy = 0, \quad \therefore dx + dy = 0$$
となり, $dy$ の係数が $0$ でない. よって, 点 $\left(\dfrac{3}{2}, \dfrac{3}{2}\right)$ の近くで陰関数 $y = \varphi(x)$ が存在する. この点における微分係数 $\varphi'\left(\dfrac{3}{2}\right)$ は, 上式より,
$$\varphi'\left(\frac{3}{2}\right) = \frac{dy}{dx} = -1$$
となる.
(ii) $(*)$ 式に $(x, y) = (\sqrt[3]{4}, \sqrt[3]{2})$ を代入すると,
$$(2 - \sqrt[3]{2})dx + 0\,dy = 0, \quad \therefore dx = 0$$
となり, 点 $(\sqrt[3]{4}, \sqrt[3]{2})$ における曲線 $C$ の接線が $y$ 軸に平行になる. よって, $(\sqrt[3]{4}, \sqrt[3]{2})$ の近くで陰関数 $y = \varphi(x)$ は存在しない.

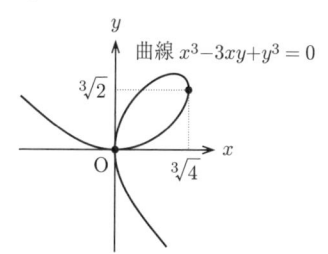

曲線 $x^3 - 3xy + y^3 = 0$

問題 **1.22.** $f(x, y) = xy(x + y) = 6$ の両辺の全微分をとると,
$$(2xy + y^2)dx + (x^2 + 2xy)dy = 0$$
となる. したがって, 点 A $(2,1)$ における全微分は
$$5\,dx + 8\,dy = 0 \quad (*)$$
となり, $dx$ の係数が $0$ ではないから, 点 A の近くで陰関数 $x = \psi(y)$ が存在する. このとき, 点 A における微分係数 $\psi'(1)$ は, $(*)$ より,
$$\psi'(1) = \frac{dx}{dy} = -\frac{8}{5}$$
となる. また, 接線の方程式は $(*)$ で $dx = x - 2$, $dy = y - 1$ とすることにより,
$$5(x - 2) + 8(y - 1) = 0$$
となる.

問題 **1.23.** $x$ 軸の正方向とのなす角が $\theta$ の方向を表すベクトルは $\begin{bmatrix}\cos\theta \\ \sin\theta\end{bmatrix}$ であり, これは単位ベクトルである. したがって, 求める方向微分係数は, $f_x(x_0, y_0)\cos\theta + f_y(x_0, y_0)\sin\theta$ となる.

問題 **1.24.** $f(x, y) = x^2 - 2xy + 3y^2$ とおくと, $f_x(x, y) = 2x - 2y$, $f_y(x, y) = -2x + 6y$ より, 全微分は
$$dz = (2x - 2y)dx + (-2x + 6y)dy \quad (*)$$
となる.
(1) $(x, y) = (-2, -1)$ における全微分は, $(*)$ 式に $(x, y) = (-2, -1)$ を代入して $dz = -2\,dx - 2\,dy$ である. これに $(dx, dy) = (3, -1)$ を代入すると $dz = (-2) \cdot 3 + (-2) \cdot (-1) = -4 < 0$ となるから, $z$ の値は減少する.
(2) (方法 1) A $(1, 1, 2)$ における全微分は, $(*)$ 式に $(x, y) = (1, 1)$ を代入して $dz = 4\,dy$ となる. $dz = 0$ となるのは, $dy = 0$. つまり, $dx$ 軸方向である. $dx$ 軸と元の座標軸の $x$ 軸は平行であるから, $x$ 軸方向に動けば高さは変わらない. よって, 答えは $\begin{bmatrix}1 \\ 0\end{bmatrix}$ または $\begin{bmatrix}-1 \\ 0\end{bmatrix}$ である.
(方法 2) 点 A での勾配ベクトルは, $\nabla f(x, y) = \begin{bmatrix}\dfrac{\partial f}{\partial x}(x, y) \\ \dfrac{\partial f}{\partial y}(x, y)\end{bmatrix} = \begin{bmatrix}2x - 2y \\ -2x + 6y\end{bmatrix}$ より $\nabla f(1, 1) = \begin{bmatrix}0 \\ 4\end{bmatrix}$ である. 点 A での高さが変わらない方向とは, A での勾配ベクトル $\begin{bmatrix}0 \\ 4\end{bmatrix}$ に直交する方向である. $\begin{bmatrix}0 \\ 4\end{bmatrix}$ との内積が $0$ になるベクトル, すなわち $\begin{bmatrix}1 \\ 0\end{bmatrix}$ または $\begin{bmatrix}-1 \\ 0\end{bmatrix}$ が答えである.

問題 **1.25.** 鉄円板の周辺上の点 $\left(\dfrac{1}{\sqrt{2}}, \dfrac{1}{\sqrt{2}}\right)$ の外向き法線方向の単位ベクトル $\boldsymbol{n}$ は $\boldsymbol{n} = \begin{bmatrix}\dfrac{1}{\sqrt{2}} \\ \dfrac{1}{\sqrt{2}}\end{bmatrix}$ である. 時刻 $t = 1$ における温度 $u(x, y, 1) = y^3 - x^2$ の $\boldsymbol{n}$ 方向への方向微分係数を求めると,
$$u_x\left(\frac{1}{\sqrt{2}}, \frac{1}{\sqrt{2}}, 1\right) \cdot \frac{1}{\sqrt{2}} + u_y\left(\frac{1}{\sqrt{2}}, \frac{1}{\sqrt{2}}, 1\right) \cdot \frac{1}{\sqrt{2}}$$
$$= -2x|_{(x,y)=\left(\frac{1}{\sqrt{2}}, \frac{1}{\sqrt{2}}\right)} \cdot \frac{1}{\sqrt{2}} + 3y^2|_{(x,y)=\left(\frac{1}{\sqrt{2}}, \frac{1}{\sqrt{2}}\right)} \cdot \frac{1}{\sqrt{2}}$$
$$= -2 \cdot \frac{1}{\sqrt{2}} \cdot \frac{1}{\sqrt{2}} + 3\left(\frac{1}{\sqrt{2}}\right)^2 \cdot \frac{1}{\sqrt{2}}$$
$$= \left(-\sqrt{2} + \frac{3}{2}\right) \cdot \frac{1}{\sqrt{2}} > 0$$

より, 外向き方向 $\begin{bmatrix} \frac{1}{\sqrt{2}} \\ \frac{1}{\sqrt{2}} \end{bmatrix}$ へ向かって温度は増加している. したがって, 時刻 $t=1$ から微小時間が経過する間に, 点 P で熱は鉄円板の内側へ流れ込む.

**問題 1.26.** 熱は温度の高いほうから低いほうへ流れ, 鉄板の周辺 $S$ での熱のやりとりは $S$ に垂直な方向について考えればよい. したがって, $S$ での外向き法線方向への方向微分係数が $0$ ならば熱のやりとりはない. よって, 答えは, 任意の $t$ に対して, $S$ 上のすべての点 $(x,y)$ において
$$\begin{bmatrix} \frac{\partial u}{\partial x}(x,y,t) \\ \frac{\partial u}{\partial y}(x,y,t) \end{bmatrix} \cdot \begin{bmatrix} n_1(x,y) \\ n_2(x,y) \end{bmatrix} = \nabla u(x,y,t) \cdot \boldsymbol{n}(x,y) = 0$$
が成り立つことである.

**問題 1.27.** (1) $f(x,y) = xy^2 + e^{xy^2}$ とおくと, $f_x = y^2 + y^2 e^{xy^2} = y^2(1+e^{xy^2})$, $f_y = 2xy + 2xye^{xy^2} = 2xy(1+e^{xy^2})$ より $\frac{dy}{dx} = -\frac{f_x}{f_y} = -\frac{y^2(1+e^{xy^2})}{2xy(1+e^{xy^2})} = -\frac{y}{2x}$.

(2) $f(x,y) = x^2 - y^2 + \log xy$ とおくと, $f_x = 2x + \frac{y}{xy} = 2x + \frac{1}{x}$, $f_y = -2y + \frac{x}{xy} = -2y + \frac{1}{y}$ より $\frac{dy}{dx} = -\frac{f_x}{f_y} = -\frac{2x+\frac{1}{x}}{-2y+\frac{1}{y}} = \frac{2x^2y+y}{2xy^2-x}$.

**問題 1.28.** $\frac{x^2}{9} - \frac{y^2}{4} = 1$ の両辺の全微分をとると, $\frac{2x}{9}dx - \frac{2y}{4}dy = 0$. 左辺に $(x,y) = \left(5, -\frac{8}{3}\right)$ を代入すると, $\frac{10}{9}dx + \frac{4}{3}dy = 0$. これより, $dy = -\frac{5}{6}dx$ を得る. これは, 点 $\left(5, -\frac{8}{3}\right)$ を原点とする座標 $(dx, dy)$ でみたときの接線の式である. これをもとの座標で表すと, $dx = x - 5$, $dy = y + \frac{8}{3}$ とおいて, $y + \frac{8}{3} = -\frac{5}{6}(x-5)$ となる.

**問題 1.29.** $f(x,y) = x^2 - 8xy + 7y^2 - 2x + 8y + 10$ とおくと, $f(x,y) = 0$. 両辺の全微分をとると, $(2x-8y-2)dx + (-8x+14y+8)dy = 0$. $(x,y) = (5,1)$ を代入すると $-18dy = 0$ となる. $dy = y - 1$ を代入して $-18(y-1) = 0$, すなわち $y = 1$.

**問題 1.30.** $f(x,y) = x^3 + 3xy + 4xy^2 + y^2 + y$ とおくと, 与式は $f(x,y) = 2$ と表せる. よって, $\frac{dy}{dx} = -\frac{f_x}{f_y} = -\frac{3x^2+3y+4y^2}{3x+8xy+2y+1}$ である.

**問題 1.31.** $f(x,y,z) = c$ の両辺の全微分をとると, $f_x(x,y,z)dx + f_y(x,y,z)dy + f_z(x,y,z)dz = 0$. この式に $(x,y,z) = (x_0, y_0, z_0)$ を代入して, $dx = x - x_0$, $dy = y - y_0$, $dz = z - z_0$ とおくと, $f_x(x_0, y_0, z_0)(x-x_0) + f_y(x_0, y_0, z_0)(y-y_0) + f_z(x_0, y_0, z_0)(z-z_0) = 0$ を得る.

**問題 1.32.** $f(x,y,z) = c$ の両辺の全微分をとると, $f_x dx + f_y dy + f_z dz = 0$. これを $dx$ について解くと, $dx = -\frac{f_y}{f_x}dy - \frac{f_z}{f_x}dz$. 一方, $x = x(y,z)$ の全微分は $dx = \left(\frac{\partial x}{\partial y}\right)_z dy + \left(\frac{\partial x}{\partial z}\right)_y dz$. 右辺の $dy$ の係数を比較して $\left(\frac{\partial x}{\partial y}\right)_z = -\frac{f_y}{f_x}$ を得る. 同様にして, $\left(\frac{\partial y}{\partial z}\right)_x = -\frac{f_z}{f_y}$, $\left(\frac{\partial z}{\partial x}\right)_y = -\frac{f_x}{f_z}$ となるので, これら 3 式の辺々を掛け合わせればよい.

<u>注意</u> この問題の基礎になるのは, 1 次式 $aX + bY + cZ = 0$ に関する以下の計算である. $aX + bY + cZ = 0$ ($a, b, c$ はすべて $0$ でない定数) を $X, Y, Z$ について解くと, それぞれ,
$$X = -\frac{b}{a}Y - \frac{c}{a}Z \quad (1)$$
$$Y = -\frac{c}{b}Z - \frac{a}{b}X \quad (2)$$
$$Z = -\frac{a}{c}X - \frac{b}{c}Y \quad (3)$$
となる. このとき, (1) の $Y$ の係数, (2) の $Z$ の係数, (3) の $X$ の係数を掛け合わせると,
$$\left(-\frac{b}{a}\right) \cdot \left(-\frac{c}{b}\right) \cdot \left(-\frac{a}{c}\right) = -1$$
となる.

**問題 1.33.** (方法 1) $x^2 + y^2 = l^2$, $(x+\Delta x)^2 + (y+\Delta y)^2 = l^2$ ($\Delta x > 0$, $\Delta y < 0$ であることに注意) を連立して $(x+\Delta x)^2 + (y+\Delta y)^2 = x^2 + y^2$. 左辺を展開して $\Delta x$ と $\Delta y$ について 2 次以上の項を無視した後, $\Delta x, \Delta y$ をそれぞれ $dx, dy$ で置き換えると, $2x\,dx + 2y\,dy = 0$ を得る. これを $dy$ について解くと $dy = -\frac{x}{y}dx$.

(方法 2) $x^2 + y^2 = l^2$ の両辺を $x$ で微分すると $2x + 2y\frac{dy}{dx} = 0$. これを $dy$ について解くと $dy = -\frac{x}{y}dx$.

(方法 3) $x^2 + y^2 = l^2$ の両辺の全微分をとると, $2x\,dx + 2y\,dy = 0$. よって, $dy = -\frac{x}{y}dx$.

**問題 1.34.** 点 P $\left(\frac{\pi}{2}, 1, \frac{\pi}{4}\right)$ において温度が最も低くなる向きは $-\nabla f\left(\frac{\pi}{2}, 1, \frac{\pi}{4}\right)$ である.

$$\nabla f(x,y,z) = \begin{bmatrix} \frac{\partial f}{\partial x}(x,y,z) \\ \frac{\partial f}{\partial y}(x,y,z) \\ \frac{\partial f}{\partial z}(x,y,z) \end{bmatrix} = \begin{bmatrix} -y^2 \sin(xy) + \sin^2 z \\ \cos(xy) - xy \sin(xy) \\ 2x \sin z \cos z \end{bmatrix}$$

より $\nabla f\left(\frac{\pi}{2}, 1, \frac{\pi}{4}\right) = \begin{bmatrix} -\frac{1}{2} \\ -\frac{\pi}{2} \\ \frac{\pi}{2} \end{bmatrix}$.

答えは $-\nabla f\left(\frac{\pi}{2}, 1, \frac{\pi}{4}\right) = \begin{bmatrix} \frac{1}{2} \\ \frac{\pi}{2} \\ -\frac{\pi}{2} \end{bmatrix}$ である．また，この方向への温度の変化率は，

$$\nabla f \cdot \left(-\frac{\nabla f}{|\nabla f|}\right) = -|\nabla f|$$
$$= -\sqrt{\left(\frac{1}{2}\right)^2 + \left(\frac{\pi}{2}\right)^2 + \left(-\frac{\pi}{2}\right)^2}$$
$$= -\frac{1}{2}\sqrt{1 + 2\pi^2}$$

である．ただし，$\nabla f$ は $\nabla f\left(\frac{\pi}{2}, 1, \frac{\pi}{4}\right)$ である．

**問題 1.35.** (1) 平面上の点を $(x,y,z)$ とすると，$(x-3, y-1, z+1) \perp (2, 0, -1)$ より，$2(x-3) + 0(y-1) - 1(z+1) = 0$. 整理して，$2x - z = 7$.

(2) 求める平面の方程式を $ax + by + cz = d$ とおき，3点の座標を代入すると，連立方程式 $\begin{cases} 3b + 7c = d \\ 6a + 4c = d \\ 2a - 5b + c = d \end{cases}$ を得る．$d$ を消去して，$\begin{cases} 6a - 3b - 3c = 0 \\ 4a + 5b + 3c = 0 \end{cases}$ となる．さらに $c$ を消去して，$b = -5a$ となり，$c = 7a$, $d = 34a$. 以上から $ax - 5ay + 7az = 34a$ となり，$a = 0$ とすると，$b = c = d = 0$ となり不定なので $a \neq 0$ として，$x - 5y + 7z = 34$ を得る．

**問題 1.36.** まず，制約条件に特異点があるかどうか調べる．$g(x,y) = x^3 + y^3 - 1$ とおくと，$g_x = 3x^2$, $g_y = 3y^2$ であるから，$g_x = g_y = 0$ となる点は $(0,0)$ でこれは $x^3 + y^3 - 1 = 0$ を満たさない．よって，曲線 $g(x,y) = 0$ の特異点はない．次に $F(x,y,\lambda) = x^2 + y^2 - \lambda(x^3 + y^3 - 1)$ とおき，$F_x = 2x - 3\lambda x^2 = x(2 - 3\lambda x) = 0$, $F_y = 2y - 3\lambda y^2 = y(2 - 3\lambda y) = 0$, $F_\lambda = -(x^3 + y^3 - 1) = 0$ を連立して解く．$x > 0$ かつ $y > 0$ であるから，前2式から，$\lambda \neq 0$ であり $x = y = \frac{2}{3\lambda}$ となる．これらを $x^3 + y^3 = 1$ に代入すると，$2\left(\frac{2}{3\lambda}\right)^3 = 1$. これ

より，$\lambda = \frac{2}{3}\sqrt[3]{2}$. よって，$x = y = \frac{1}{\sqrt[3]{2}}$ となり，求める最大値は $\left(\frac{1}{\sqrt[3]{2}}\right)^2 + \left(\frac{1}{\sqrt[3]{2}}\right)^2 = \sqrt[3]{2}$ である．

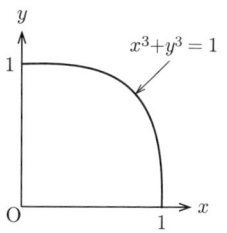

**問題 1.37.** まず，制約条件に特異点があるかどうか調べる．$g(x,y) = x^3 - 3xy + y^3 - 4$ とおくと，$g_x = 3x^2 - 3y$, $g_y = -3x + 3y^2$ であるから，$g_x = g_y = 0$ となる点は $(0,0)$, $(1,1)$ でこれらは $g(x,y) = 0$ 上にない．つまり，曲線 $g(x,y) = 0$ の特異点はない．目的関数は $x^2 + y^2$ である．$F(x,y,\lambda) = x^2 + y^2 - \lambda(x^3 - 3xy + y^3 - 4)$ とおき，$F_x = 2x - \lambda(3x^2 - 3y) = 0$, $F_y = 2y - \lambda(-3x + 3y^2) = 0$, $F_\lambda = -(x^3 - 3xy + y^3 - 4) = 0$ を連立して解く．前2式から $\lambda$ を消去すると，$x(-x + y^2) = y(x^2 - y)$. これを整理すると，$(x-y)(x+y+xy) = 0$. $x > 0$ かつ $y > 0$ だから，$x + y + xy > 0$. よって，$y = x$ である．これを $x^3 - 3xy + y^3 - 4 = 0$ に代入して因数分解すると，$(x-2)(2x^2 + x + 2) = 0$. これより $(x,y) = (2,2)$ を得る．原点からの距離の最大値は $\sqrt{2^2 + 2^2} = 2\sqrt{2}$ である．

**問題 1.38.** まず，制約条件に特異点があるかどうか調べる．$g(x,y) = x^2 + 2y^2 - 1$ とおくと，$g_x = 2x$, $g_y = 4y$ であるから，$g_x = g_y = 0$ となる点は $(0,0)$ でこれは $g(x,y) = 0$ を満たさない．つまり，曲線 $g(x,y) = 0$ の特異点はない．$F(x,y,\lambda) = x^2 + 4xy - \lambda(x^2 + 2y^2 - 1)$ とおく．

$$\begin{cases} F_x = 2x + 4y - 2\lambda x = 0 \\ F_y = 4x - 4\lambda y = 0 \\ F_\lambda = -(x^2 + 2y^2 - 1) = 0 \end{cases}$$

$$\iff \begin{cases} x + 2y - \lambda x = 0 & (1) \\ x = \lambda y & (2) \\ x^2 + 2y^2 = 1 & (3) \end{cases}$$

を解く．(2) より $x = \lambda y$. これを (1) に代入すると，$(\lambda + 2 - \lambda^2)y = 0$ ∴ $\lambda + 2 - \lambda^2 = 0$ または $y = 0$ となるが，$y = 0$ のとき，$x = \lambda y = 0$ となり，$(x,y) = (0,0)$ は (3) を満たさない．よって，$\lambda + 2 - \lambda^2 = -(\lambda^2 - \lambda - 2) = -(\lambda - 2)(\lambda + 1) = 0$ である．ゆえに，$\lambda = 2, -1$ である．$\lambda = 2$ のとき，$x = 2y$. これを (3) に代入して，$6y^2 = 1$

より $y=\pm\frac{1}{\sqrt{6}}, x=\pm\frac{2}{\sqrt{6}}$ となる。
$\lambda=-1$ のとき、$x=-y$。これを (3) に代入して、$3y^2=1$ より $y=\pm\frac{1}{\sqrt{3}}, x=\mp\frac{1}{\sqrt{3}}$ となる。以上より、

$(x,y)=\left(\pm\frac{2}{\sqrt{6}},\pm\frac{1}{\sqrt{6}}\right),\left(\mp\frac{1}{\sqrt{3}},\pm\frac{1}{\sqrt{3}}\right)$（複号同順）

となる。このとき、

$\left(\pm\frac{2}{\sqrt{6}}\right)^2+4\cdot\left(\pm\frac{2}{\sqrt{6}}\right)\left(\pm\frac{1}{\sqrt{6}}\right)=\frac{4}{6}+4\cdot\frac{2}{6}=2$

$\left(\mp\frac{1}{\sqrt{3}}\right)^2+4\cdot\left(\mp\frac{1}{\sqrt{3}}\right)\left(\pm\frac{1}{\sqrt{3}}\right)=\frac{1}{3}-4\cdot\frac{1}{3}=-1$

であるから、最大値は 2 であり、最小値は $-1$ である。

**問題 1.39.** 3辺 $a,b,c$ に下ろした垂線の長さをそれぞれ $x,y,z$ とすると、制約条件 $2S=ax+by+cz$ のもとで、目的関数 $xyz$ を最大にする条件付き極値問題である。制約条件に特異点がないのは明らか。$F(x,y,z,\lambda)=xyz-\lambda(ax+by+cz-2S)$ とおく。$F_x=yz-\lambda a=0, F_y=xz-\lambda b=0, F_z=xy-\lambda c=0, F_\lambda=-(ax+by+cz-2S)=0$ を解く。前3式から $ax=by=cz$ となり、これを $ax+by+cz-2S=0$ に代入すると、$ax=by=cz=\frac{2S}{3}$。よって、$x=\frac{2S}{3a}, y=\frac{2S}{3b}, z=\frac{2S}{3c}$ である。

**問題 1.40.** 制約条件 $x_1+x_2+\cdots+x_n=1$ に特異点がないのは明らかである。$F(x_1,x_2,\cdots,x_n,\lambda)=-x_1\log x_1-x_2\log x_2-\cdots-x_n\log x_n-\lambda(x_1+x_2+\cdots+x_n-1)$ とおく。$F_{x_i}=-(\log x_i+1)-\lambda=0$ $(i=1,2,\cdots,n)$ かつ $F_\lambda=-(x_1+x_2+\cdots+x_n-1)=0$ を解く。前者より $x_1=x_2=\cdots=x_n$ が従うので、これを後者に代入して $x_1=x_2=\cdots=x_n=\frac{1}{n}$ を得る。このとき、最大値は $-\frac{1}{n}\log\frac{1}{n}-\cdots-\frac{1}{n}\log\frac{1}{n}=-\log\frac{1}{n}=\log n$ である。

**問題 2.1.** (1)（方法 1） 最初に $x$ を固定すると、

$$\iint_D \sin(x+y)\,dxdy=\int_0^{\frac{\pi}{2}}dx\int_0^{\frac{\pi}{2}-x}\sin(x+y)\,dy$$
$$=\int_0^{\frac{\pi}{2}}dx\,[-\cos(x+y)]_0^{\frac{\pi}{2}-x}$$
$$=\int_0^{\frac{\pi}{2}}dx\left(-\cos\frac{\pi}{2}+\cos x\right)$$
$$=[\sin x]_0^{\frac{\pi}{2}}=1.$$

（方法 2） 最初に $y$ を固定すると、

$$\iint_D \sin(x+y)\,dxdy=\int_0^{\frac{\pi}{2}}dy\int_0^{\frac{\pi}{2}-y}\sin(x+y)\,dx$$
$$=\int_0^{\frac{\pi}{2}}dy\,[-\cos(x+y)]_0^{\frac{\pi}{2}-y}$$
$$=\int_0^{\frac{\pi}{2}}dy\left(-\cos\frac{\pi}{2}+\cos y\right)$$
$$=[\sin y]_0^{\frac{\pi}{2}}=1.$$

(2)（方法 1） 最初に $x$ を固定すると、

$$\iint_D x\,dxdy=\int_0^{\frac{1}{2}}dx\int_{x^2}^{\frac{x}{2}}x\,dy=\int_0^{\frac{1}{2}}dx\,[xy]_{x^2}^{\frac{x}{2}}$$
$$=\int_0^{\frac{1}{2}}dx\left(\frac{1}{2}x^2-x^3\right)$$
$$=\left[\frac{1}{6}x^3-\frac{1}{4}x^4\right]_0^{\frac{1}{2}}=\frac{1}{192}.$$

（方法 2） 最初に $y$ を固定すると、

$$\iint_D x\,dxdy=\int_0^{\frac{1}{4}}dy\int_{2y}^{\sqrt{y}}x\,dx=\int_0^{\frac{1}{4}}dy\left[\frac{1}{2}x^2\right]_{2y}^{\sqrt{y}}$$
$$=\int_0^{\frac{1}{4}}dy\left(\frac{1}{2}y-2y^2\right)$$
$$=\left[\frac{1}{4}y^2-\frac{2}{3}y^3\right]_0^{\frac{1}{4}}=\frac{1}{192}.$$

(3)（方法 1） 最初に $x$ を固定すると、

$$\iint_D x\,dxdy=\int_0^1 dx\int_0^x y\,dy=\int_0^1 dx\left[\frac{y^2}{2}\right]_0^x$$
$$=\int_0^1 dx\,\frac{x^2}{2}=\left[\frac{x^3}{6}\right]_0^1=\frac{1}{6}.$$

（方法 2） 最初に $y$ を固定すると、

$$\iint_D y\,dxdy=\int_0^1 dy\int_y^1 y\,dx=\int_0^1 dy\,[yx]_y^1$$
$$=\int_0^1 dy\,(y-y^2)=\left[\frac{1}{2}y^2-\frac{1}{3}y^3\right]_0^1=\frac{1}{6}.$$

**問題 2.2.** (1) $0\leqq x\leqq 1, x\leqq y\leqq 1$ を図示して考える。答えは $\int_0^1 dy\int_0^y f(x,y)\,dx.$

(2) $0\leqq x\leqq 2, x\leqq y\leqq 2x$ を図示して考える。これより、最初に固定する変数 $y$ の範囲の場合分け $0\leqq y\leqq 2, 2\leqq y\leqq 4$ が必要なことがわかる。答えは $\int_0^2 dy\int_{\frac{y}{2}}^y f(x,y)\,dx+\int_2^4 dy\int_{\frac{y}{2}}^2 f(x,y)\,dx.$

問題 2.3. (1) $0 \leq y \leq 1, y \leq x \leq 1$ を図示して考える．累次積分の順序を交換すると，
$$\int_0^1 dy \int_y^1 e^{x^2} dx = \int_0^1 dx \int_0^x e^{x^2} dy = \int_0^1 dx\, x e^{x^2}$$
$$= \frac{1}{2}\int_0^1 2x e^{x^2} dx = \frac{1}{2}\int_0^1 \left(e^{x^2}\right)' dx$$
$$= \frac{1}{2}\left[e^{x^2}\right]_0^1 = \frac{e-1}{2}.$$

(2) $0 \leq y \leq \pi, y \leq x \leq \pi$ を図示して考える．累次積分の順序を交換すると，
$$\int_0^\pi y\,dy \int_y^\pi \frac{\sin x}{x} dx = \int_0^\pi dx \int_0^x \frac{\sin x}{x} y\,dy$$
$$= \int_0^\pi \frac{\sin x}{x} dx \int_0^x y\,dy = \int_0^\pi \frac{\sin x}{x} \cdot \frac{x^2}{2} dx$$
$$= \frac{1}{2}\int_0^\pi x \sin x\, dx$$
$$= \frac{1}{2}\left([(-\cos x)\cdot x]_0^\pi - \int_0^\pi (-\cos x)\cdot x'\,dx\right)$$
$$= \frac{1}{2}(-\pi\cos\pi + [\sin x]_0^\pi) = \frac{\pi}{2}.$$

問題 2.4. $(x,y)$ 平面内の積分範囲 $D : x^2 + y^2 \leq a^2,\ y \geq x$ は，極座標変換 $x = r\cos\theta, y = r\sin\theta$ により，$(r,\theta)$ 平面内の長方形領域 $D' : 0 \leq r \leq a, \frac{\pi}{4} \leq \theta \leq \frac{5\pi}{4}$ となる．$dxdy = r\,drd\theta,\ x = r\cos\theta$ であるから，
$$\iint_D x\,dxdy = \iint_{D'} r\cos\theta\, r\,drd\theta$$
$$= \int_{\frac{\pi}{4}}^{\frac{5\pi}{4}} \cos\theta\,d\theta \int_0^a r^2\,dr$$
$$= [\sin\theta]_{\frac{\pi}{4}}^{\frac{5\pi}{4}} \cdot \left[\frac{1}{3}r^3\right]_0^a$$
$$= \left(-\frac{\sqrt{2}}{2} - \frac{\sqrt{2}}{2}\right)\cdot \frac{1}{3}a^3 = -\frac{\sqrt{2}}{3}a^3.$$

問題 2.5. $(x,y)$ 平面内の積分範囲 $D : 1 \leq x^2+y^2 \leq 4,\ y \geq 0$ は，極座標変換 $x = r\cos\theta, y = r\sin\theta$ により，$(r,\theta)$ 平面内の円環領域 $D' : 1 \leq r \leq 2,\ 0 \leq \theta \leq \pi$ となる．$dxdy = r\,drd\theta,\ x = r\cos\theta$ であるから，
$$\iint_D \frac{1}{(x^2+y^2)^2} dxdy$$
$$= \iint_{D'} \frac{1}{((r\cos\theta)^2 + (r\sin\theta)^2)^2} r\,drd\theta$$
$$= \iint_{D'} \frac{1}{r^3} drd\theta = \int_0^\pi d\theta \int_1^2 \frac{1}{r^3} dr$$
$$= \pi \int_1^2 r^{-3} dr = \pi \left[\frac{1}{-3+1} r^{-3+1}\right]_1^2$$
$$= -\frac{\pi}{2}\left[\frac{1}{r^2}\right]_1^2 = -\frac{\pi}{2}\left(\frac{1}{2^2} - \frac{1}{1^2}\right) = \frac{3}{8}\pi.$$

問題 2.6. $(x,y)$ 平面内の領域 $D : -\infty < x < \infty,\ -\infty < y < \infty$ は極座標変換 $x = r\cos\theta, y = r\sin\theta$ により，$(r,\theta)$ 平面内の領域 $D' : 0 \leq r < \infty,\ 0 \leq \theta \leq 2\pi$ となる．$dxdy = r\,drd\theta$ であるから，
$$I^2 = \iint_{\substack{-\infty < x < \infty \\ -\infty < y < \infty}} e^{-(x^2+y^2)} dxdy$$
$$= \iint_{\substack{0 \leq r < \infty \\ 0 \leq \theta \leq 2\pi}} e^{-((r\cos\theta)^2 + (r\sin\theta)^2)} r\,drd\theta$$
$$= \underbrace{\int_0^{2\pi} d\theta}_{2\pi} \int_0^\infty e^{-r^2} r\,dr = 2\pi \int_0^\infty e^{-r^2} r\,dr$$
$$= -\pi \int_0^\infty e^{-r^2}(-2r\,dr) = -\pi \int_0^\infty e^{-r^2} d(-r^2)$$
$$= -\pi\left[e^{-r^2}\right]_0^\infty = -\pi(\lim_{r\to\infty} e^{-r^2} - e^0) = \pi.$$
よって，$I = \sqrt{\pi}$ である．

問題 2.7. (1) $x - y = u,\ x + y = v$ とおくと，領域 $D$ は $(u,v)$ 平面内の長方形領域 $D' : 0 \leq u \leq 1,\ -1 \leq v \leq 1$ となる．$x = \frac{u+v}{2},\ y = \frac{v-u}{2}$ より $x_u = \frac{1}{2}$, $x_v = \frac{1}{2},\ y_u = -\frac{1}{2},\ y_v = \frac{1}{2}$ となるから，ヤコビアンの絶対値は，
$$\left|\frac{\partial(x,y)}{\partial(u,v)}\right| = \left\|\begin{matrix} x_u & x_v \\ y_u & y_v \end{matrix}\right\| = \left\|\begin{matrix} \frac{1}{2} & \frac{1}{2} \\ -\frac{1}{2} & \frac{1}{2} \end{matrix}\right\|$$
$$= \left|\frac{1}{2}\cdot\frac{1}{2} - \frac{1}{2}\cdot\left(-\frac{1}{2}\right)\right| = \left|\frac{1}{2}\right| = \frac{1}{2}.$$
したがって，$dxdy = \frac{1}{2} dudv$ であるから，
$$\iint_D x\,dxdy = \iint_{D'} \frac{u+v}{2}\cdot\frac{1}{2} dudv$$
$$= \frac{1}{4}\int_0^1 du \int_{-1}^1 (u+v)\,dv$$
$$= \frac{1}{4}\int_0^1 du\left[uv + \frac{1}{2}v^2\right]_{-1}^1$$
$$= \frac{1}{4}\int_0^1 du\left\{\left(u + \frac{1}{2}\right) - \left(-u + \frac{1}{2}\right)\right\}$$
$$= \frac{1}{4}\int_0^1 2u\,du = \frac{1}{4}[u^2]_0^1 = \frac{1}{4}.$$

(2) $x + 3y = u,\ x - 2y = v$ とおくと，領域 $D$ は，$(u,v)$ 平面内の長方形領域 $D' : 1 \leq u \leq 5,\ 1 \leq v \leq 3$ となる．$x = \frac{2}{5}u + \frac{3}{5}v,\ y = \frac{1}{5}u - \frac{1}{5}v$ より，ヤコビアンの絶対値は
$$\left|\frac{\partial(x,y)}{\partial(u,v)}\right| = \left\|\begin{matrix} x_u & x_v \\ y_u & y_v \end{matrix}\right\| = \left\|\begin{matrix} \frac{2}{5} & \frac{3}{5} \\ \frac{1}{5} & -\frac{1}{5} \end{matrix}\right\| = \left|-\frac{1}{5}\right| = \frac{1}{5}.$$
したがって，$dxdy = \frac{1}{5} dudv$ であるから，
$$\iint_D \frac{1}{(x+3y)(x-2y)} dxdy = \iint_{D'} \frac{1}{uv}\cdot\frac{1}{5} dudv$$
$$= \frac{1}{5}\int_1^5 \frac{1}{u} du \int_1^3 \frac{1}{v} dv = \frac{1}{5}(\log 5)(\log 3).$$

したがって，$dxdy = \dfrac{1}{5}dudv$ であるから，
$$\iint_D \frac{1}{(x+3y)(x-2y)}\,dxdy = \iint_{D'} \frac{1}{uv}\cdot\frac{1}{5}\,dudv$$
$$= \frac{1}{5}\int_1^5 \frac{1}{u}\,du \int_1^3 \frac{1}{v}\,dv = \frac{1}{5}(\log 5)(\log 3).$$

# 索　引

● あ行 ●

鞍点 ·················································23
陰関数 ·············································25
陰関数定理 ·····································27
$x$-偏導関数 ······································ 2
$x$-偏微分可能 ·································· 2
$x$-偏微分係数 ·································· 2
$x \to a$ のときの $f(x)$ の極限値 ····67

● か行 ●

極小（1変数関数の場合）········19
極小（2変数関数の場合）········20
極大（1変数関数の場合）········19
極大（2変数関数の場合）········20
勾配ベクトル ·································30

● さ行 ●

$C^n$ 級 ················································ 4
写像 ··················································51
従属変数 ············································ 1
Jordan の意味で面積 0 ···············79
制約条件 ·········································39
積分可能 ·········································78
接平面 ··············································· 7
線形近似 ·········································61

線形写像 ·········································51
全微分 ··············································· 8
全微分可能 ································7, 63
双曲放物面 ·····································22

● た行 ●

第 $n$ 次偏導関数 ······························ 4
第 2 次偏導関数 ······························ 4
楕円放物面 ·····································22
定義域 ················································ 1
$\Delta x$ と $\Delta y$ より高次の微小量 ····63
$\Delta x$ より高次の微小量 ···············63
特異点 ·············································28
独立変数 ············································ 1

● な行 ●

二重積分 ·········································78

● は行 ●

波動方程式 ································5, 62
微分 ··················································· 6
微分可能（1変数関数の場合）····62
微分可能（2変数関数の場合）····63
閉集合 ·············································42
ヘッシアン ·····································21

偏微分可能 ······································· 2
方向微分係数 ·································14

● ま行 ●

面積要素 ·········································45
目的関数 ·········································39

● や行 ●

ヤコビアン ·······························51, 53
ヤコビ行列 ·······························51, 53
有界 ··················································42
有界閉集合 ·····································42

● ら行 ●

ラグランジュ乗数 ·························40
ラグランジュ乗数法 ·····················40
ラプラシアン ·································18
両辺の全微分をとる ·····················26
累次積分 ·········································46
連続 ··················································· 4

● わ行 ●

$y$-偏導関数 ······································ 2
$y$-偏微分可能 ·································· 2
$y$-偏微分係数 ·································· 2

1次近似で視る　多変数の微分積分

| 2013 年 9 月 30 日 | 第 1 版　第 1 刷　発行 |
| 2023 年 9 月 30 日 | 第 1 版　第 6 刷　発行 |

編　者　　茨城大学
　　　　　1次近似で視る「多変数の微分積分」
　　　　　編集委員会

発行者　　発田和子

発行所　　株式会社 学術図書出版社

〒113-0033　　東京都文京区本郷 5 丁目 4-6
TEL 03-3811-0889　　振替 00110-4-28454

印刷　三松堂（株）

定価はカバーに表示してあります．

本書の一部または全部を無断で複写（コピー）・複製・転載することは，著作権法でみとめられた場合を除き，著作者および出版社の権利の侵害となります．あらかじめ，小社に許諾を求めて下さい．

© 茨城大学 1 次近似で視る「多変数の微分積分」編集委員会 2013
Printed in Japan
ISBN978-4-7806-1174-8　　C3041